全国高等职业教育示范专业规划教材
建筑工程技术专业国家级精品课程配套教材

建筑工程测量实训

主编　李向民
参编　翟银凤　李巨栋　王　娟
主审　杨一挺　来丽芳

机械工业出版社

本书作为高职高专教材《建筑工程测量》实践教学的配套用书。全书分为三部分，第一部分是建筑工程测量课间实训，共有 13 个基本的测量实训项目，有详细的任务安排与指导，以及相应的测量记录与计算表；第二部分是建筑工程测量综合实训，对建筑工程测量的主要工作项目进行较完整的实训，包括小范围的控制测量、地形图测绘和建筑施工测量等；第三部分是建设行业中级测量放线工职业技能岗位资料，包括岗位标准、鉴定规范和部分技能鉴定试题及答案等，便于高职高专院校进行“双证书”教育。

本书可作为高职高专院校土建类专业测量课程的教学用书，适用于建筑工程技术、工程监理、基础工程、建筑工程管理、工程造价、城镇规划、建筑设计、园林工程技术、给排水工程技术、城市燃气工程技术、建筑设备工程技术、建筑电气工程技术、消防工程技术等专业，也可作为中级测量放线工职业技能岗位培训参考书。

图书在版编目（CIP）数据

建筑工程测量实训/李向民主编．—北京：机械工业出版社，2011.1（2017.7 重印）

全国高等职业教育示范专业规划教材　建筑工程技术专业国家级精品课程配套教材

ISBN 978-7-111-32850-6

Ⅰ.①建…　Ⅱ.①李…　Ⅲ.①建筑测量－高等学校：技术学校－教材　Ⅳ.①TU198

中国版本图书馆 CIP 数据核字（2010）第 254226 号

机械工业出版社（北京市百万庄大街 22 号　邮政编码 100037）
策划编辑：覃密道　李俊玲　责任编辑：王靖辉　版式设计：张世琴
责任校对：张　媛　封面设计：鞠　杨　责任印制：常天培
保定市中画美凯印刷有限公司印刷
2017 年 7 月第 1 版第 11 次印刷
184mm × 260mm · 4.75 印张 · 112 千字
30 501—33 500 册
标准书号：ISBN 978-7-111-32850-6
定价：15.00 元

凡购本书，如有缺页、倒页、脱页，由本社发行部调换

电话服务　　　　　　　　　网络服务
服务咨询热线：010-88379833　机 工 官 网：www.cmpbook.com
读者购书热线：010-88379649　机 工 官 博：weibo.com/cmp1952
　　　　　　　　　　　　　教育服务网：www.cmpedu.com

金 书 网：www.golden-book.com

全国高等职业教育示范专业规划教材

建筑工程技术专业精品课程配套教材

编审委员会

序

我国高等职业教育正处于全面提升质量与加强内涵建设的重要阶段。近年来，随着国家、各省市的示范性高职院校建设、精品课程建设及教学成果奖评选等加强内涵建设工作的开展，形成了一大批符合教学需要、紧贴行业一线、突出工学结合、自身特色鲜明的示范专业和精品课程。这些成果的取得，不仅是高等职业教育内涵建设的阶段性成果，同时也是下一步发展的重要基础和有益经验。

机械工业出版社积极适应高等职业教育迅速发展的需要，从2000年开始出版高等职业教育土建类教材。经过几年的不懈努力，已形成专业覆盖面广、品种齐全、教学配套资源丰富的教材产品体系，在普通高等教育“十一五”国家级规划教材评选中，高职层次有50多种土建类教材入选，入选数量位居全国首位，为建设行业高素质人才培养做出了贡献，并以严谨的态度、过硬的质量、精细的编校、精美的装帧得到了高职院校师生的普遍认可。

为促进高等职业教育的内涵建设，进一步推动高等职业教育教材的发展，推广示范专业和精品课程建设的优秀成果，2008年8月，机械工业出版社组织召开了全国高等职业教育示范专业教材建设研讨会。会上成立了由全国20多所土建类重点院校组成的编审委员会，选聘了一批长期从事高等职业教育的具有双师素质的优秀教师和实践经验丰富的行业企业专家，启动了全国高等职业教育示范专业规划教材（建筑工程技术）的编写工作。本系列教材在整体规划中体现了高等职业教育“1221”模式下，理论教学和实践教学两个体系系统设计的思路；较好地贯彻了基础理论知识和实践相结合，重点是实践的指导思想。同时，本系列教材大多数为国家级、省级、教育部相关教学指导委员会认定的精品课程配套教材，是各学校示范专业建设成果的总结和升华，在内容和形式上均体现了示范性、创新性、适用性；同时，配套了丰富的教学资源，可以为教学提供全面的服务。

此系列教材的出版是为促进高等职业教育内涵建设，进一步提升人才培养质量，促进土建类专业发展和课程建设所做的一次开拓性尝试。相信本系列教材将为高等职业教育土建类专业建设和课程教学的改革发展起到积极的推动作用。

全国高职高专教育土建类专业教学指导委员会秘书长

土建施工类专业指导分委员会主任委员

前　言

“建筑工程测量”是一门实践性很强的课程，在学习过程中需要进行大量的实训，才能熟练掌握有关的知识与技能。建筑工程测量实训的项目较多，时间较长，技术较复杂，既有结合课堂教学的分项实训（如各种测量仪器的操作与使用），又有集中安排的综合实训（如建筑物的定位与放线），并且都要达到一定的精度要求，因此科学合理地进行建筑工程测量实训的安排与指导，是提高教学效果的关键。为了满足教学的需要，结合“建筑工程测量”国家精品课程的建设，我们编写了本书。

本书的开头介绍了“建筑工程测量实训规则”，包括测量仪器借领与使用规则、测量记录与计算规则以及测量实训规则，以便规范学生在测量实训中的行为。本书的最后附录了课间实训和综合实训所需的测量记录与计算表，便于使用并可根据需要将表撕下作为成果上交。

本书的内容与“建筑工程测量”国家精品课程网站一致，该网站的网址是 http://219.159.83.86/Jpkc/jzgccl/index.php，网站具有内容丰富的网络多媒体课件和相关的教学资源，包括图文并茂的实训指导资料、主要实训项目的教学视频以及相关内容的工地测量现场录像，此外还有主要测量仪器的三维虚拟模型和主流型号全站仪的模拟操作，便于更好地学习和实训，欢迎广大读者浏览和下载。

本书由广西建设职业技术学院李向民任主编，具体编写工作为：建筑工程测量实训规则和第一部分的实训一至实训九由河北石油职业技术学院王娟编写，第一部分的实训十至实训十三和第二部分的第四项第3点由河南建筑职业技术学院翟银凤编写，第二部分的前三项、第四项的前2点和第五项由广西建设职业技术学院李巨栋编写，第三部分和附表由李向民编写。

本书由浙江省第一测绘院总工程师杨一挺和浙江建设职业技术学院来丽芳任主审，两位专家精心审阅并提出了许多宝贵的意见，在此对他们表示衷心的感谢。在编写过程中，部分内容参考了有关文献，在此对文献作者表示诚挚的感谢。同时，还要感谢“全国高等职业教育示范专业规划教材、建筑工程技术专业精品课程配套教材”编审委员会主任何辉教授以及机械工业出版社的编辑，他们对本书也提出了许多很好的建议。

由于编者水平有限，书中可能存在不妥之处，恳请读者批评指正。

编　者

目　录

建筑工程测量实训规则

一、测量仪器工具借领与使用规则

1. 测量仪器工具的借领

1）在教师指定的地点办理借领手续，以小组为单位领取仪器工具。

2）借领时应当场清点检查，实物与清单是否相符，仪器工具及其附件是否齐全，背带及提手是否牢固，脚架是否完好等。如有缺损，可以补领或更换。

3）离开借领地点之前，必须锁好仪器箱并捆扎好各种工具；搬运仪器工具时，必须轻取轻放，避免剧烈振动。

4）借出仪器工具之后，不得与其他小组擅自调换或转借。

5）实验结束，应及时收装仪器工具，送还借领处检查验收，办理归还手续。如有遗失或损坏，应写书面报告说明情况，并按有关规定给予赔偿。

2. 测量仪器使用注意事项

1）携带仪器时，应注意检查仪器箱盖是否关紧锁好，拉手、背带是否牢固。

2）打开仪器箱之后，要看清并记住仪器在箱中的安放位置，避免以后装箱困难。

3）提取仪器之前，应注意先松开制动螺旋，再用双手握住支架或基座轻轻取出仪器，放在三脚架上，一手握住仪器，一手去拧连接螺旋，最后旋紧连接螺旋使仪器与脚架连接牢固。

4）装好仪器之后，注意随即关闭仪器箱盖，防止灰尘和湿气进入箱内。仪器箱上严禁坐人。

5）人不离仪器，必须有人看护仪器，切勿将仪器靠在墙边或树上，以防跌损。

6）在野外使用仪器时，应该撑伞，严防日晒雨淋。

7）若发现透镜表面有灰尘或其他污物，应先用软毛刷轻轻拂去，再用镜头纸擦拭，严禁用手帕、粗布或其他纸张擦拭，以免损坏镜头。观测结束后应及时套好物镜盖。

8）各制动螺旋勿拧过紧，微动螺旋和脚螺旋不要旋到顶端。使用各种螺旋都应均匀用力，以免损伤螺纹。

9）转动仪器时，应先松开制动螺旋，再平衡转动。使用微动螺旋时，应先旋紧制动螺旋。动作要准确，用力不要太大，用力要均匀。

10）使用仪器时，对仪器性能尚未了解的部件，未经指导教师许可不得擅自操作。

11）仪器装箱时，要放松各制动螺旋，装入箱后先试关一次，在确认安放稳妥后，再拧紧各制动螺旋，以免仪器在箱内晃动受损，最后关箱上锁。

12）电子经纬仪、电子水准仪、全站仪、GPS 等电子测量仪器，在更换电池时，应先关闭仪器的电源；装箱之前，也必须先关闭电源，才能装箱。

13）仪器搬站时，对于长距离或难行地段，应将仪器装箱，再行搬站。在短距离和平坦地段，先检查连接螺旋，再收拢脚架，一手握基座或支架，另一手握脚架，竖直地搬移。严禁横扛仪器进行搬移。装有自动竖盘指标归零补偿器的经纬仪搬站时，应先旋转补偿器关闭螺旋，将补偿器托起才能搬站，观测时应记住及时打开。

3. 测量工具使用注意事项

1）水准尺、标杆禁止横向受力，以防弯曲变形。作业时，水准尺、标杆应由专人认真扶直，不准贴靠树上、墙上或电线杆上，不能磨损尺面分划和漆皮。标尺使用时还应注意接口处的正确连接，用后及时收尺。

2）测图板的使用，应注意保护板面，不得乱写乱扎，不能施以重压。

3）皮尺要严防受潮，万一受潮，应晾干后再收入尺盒内。

4）钢尺的使用，应防止扭曲、打结和折断，防止行人踩踏或车辆碾压，尽量避免尺身着水。用完钢尺，应擦净，以防生锈。

5）小件工具，如垂球、测钎、尺垫等应用完即收，防止遗失。

6）全站仪使用的反光棱镜，若发现棱镜表面有灰尘或其他污物，应先用软毛刷轻轻拂去，再用镜头纸擦拭。严禁用手帕、粗布或其他纸张擦拭，以免损坏镜面。

二、测量记录与计算规则

1）所有观测成果均要使用硬性铅笔（2H 或 3H）记录，同时熟悉表上各项内容及填写、计算方法。记录观测数据之前，应将仪器型号、日期、天气、测站、观测者及记录者姓名等无一遗漏地填写齐全。

2）观测者读数后，记录者应随即在测量手簿上的相应栏内填写，并复诵回报，以防听错、记错。不得另纸记录事后转抄。

3）记录时要求字体端正清晰，字体的大小一般占格宽的一半左右，留出空隙作改正错误用。

4）数据要全，不能省略零位。如水准尺读数 1. 300，度盘读数 9°06′00″中的“ 0 ”均应填写。

5）水平角观测，秒值读记错误应重新观测，度、分读记错误可在现场更正，但同一方向的盘左、盘右不得同时更改相关数字。垂直角观测中分（″）的读数，在各测回中不得连环更改。

6）距离测量和水准测量中，厘米及以下数值不得更改，米和分米的读记错误，在同一距离、同一高差的往、返测或两次测量的相关数字不得连环更改。

7）更正错误，均应将错误数字、文字整齐划去，在上方另记正确数字和文字。划改的数字和超限划去的成果，均应注明原因和重测结果的所在页数。

8）按 4 舍 6 入，逢 5 奇进偶不进的取数规则进行进位计算。如数据 1. 1235 和 1. 1245 进位后均为 1. 124。

三、测量实训规则

1）在测量实训之前，应复习教材中的有关内容，认真仔细地预习实训指导书，明确目的与要求，熟悉实训步骤和注意事项，并准备好所需文具用品，以保证按时完成实训任务。

2）实训分小组进行，组长负责组织协调工作，办理所用仪器工具的借领和归还手续。

3）实训应在规定的时间进行，不得无故缺席或迟到早退；应在指定的场地进行，不得擅自改变地点或离开现场。

4）必须严格遵守本书列出的“测量仪器工具借领与使用规则”和“测量记录与计算规则”。

5）服从教师的指导，每人都必须认真、仔细地操作，培养独立工作能力和严谨的工作作风，同时要发扬团结协作精神。每项实训都应取得合格的成果并提交书写工整规范的实训报告，经指导教师审阅后，方可归还测量仪器和工具，结束实训。

6）实训过程中，应遵守纪律，爱护现场的花草、树木和农作物，爱护周围的各种公共设施，不得任意砍折、踩踏，损坏者应予赔偿。

第一部分　建筑工程测量课间实训

课间实训是根据“建筑工程测量”课程教学的需要，利用课堂教学时间，对常用的测量仪器进行操作训练，并完成基本测量任务的分项实训。课间实训配合课堂教学进行，是教学的重要组成部分。本部分共有13个实训项目，每个项目2～4学时，可根据学校和专业的实际需要选做。实训分组进行，每组3～5人，小组内各成员应轮流操作，互相配合。实训的测量数据可记录在本书附录的相应表格中，并在表格中完成有关的计算。实训结束时可将表格整齐地撕下交给指导教师审阅。

实训一　DS_3微倾式水准仪的认识与使用

一、实训目的

1）了解DS_3水准仪的构造，认识水准仪各主要部件的名称和作用。

2）初步掌握水准仪的粗略整平、照准标尺、精确整平与水准尺读数的方法。

3）会测定地面两点间高差。

二、能力目标

了解水准仪各部件及其作用，能进行水准仪的安置、粗略整平、照准标尺、精确整平等操作，会在水准尺上读数，会根据读数计算两点间的高差。

三、背景资料

水准测量是高程测量的主要方法，具有操作简便、精度高和成果可靠的特点，在测量工作中应用广泛。DS_3微倾式水准仪是常用的水准测量仪器，了解其构造和掌握其使用方法是进行水准测量的基本要求。

四、仪器与工具

每个小组从仪器室借领DS_3微倾式水准仪一台、水准标尺一把、测伞一把，自备记录笔和纸。

五、实训内容与步骤

1. DS_3水准仪的认识与使用

（1）安置水准仪　在地面上支好脚架，注意高度适当，架头大致水平，踩稳脚架尖。从仪器箱中取出水准仪，将水准仪安放在架头上并将中心螺旋拧紧。

（2）认识水准仪构造　在仪器上找出目镜、目镜对光螺旋、物镜、物镜对光螺旋、水平制动螺旋、水平微动螺旋、圆水准器、长水准管及其符合气泡观察窗口、微倾螺旋、脚螺旋和基座等；同时了解水准标尺的分划与注记。

（3）进行粗略整平　松开水平制动螺旋，转动仪器使圆水准器位于某两个基座螺旋之间，先根据“左手拇指规则”（左手拇指移动的方向就是气泡运动的方向），调节这两个螺旋，使圆水准气泡处于中垂线上，然后调节第三个脚螺旋，使圆水准气泡居中，如图1-1所示。

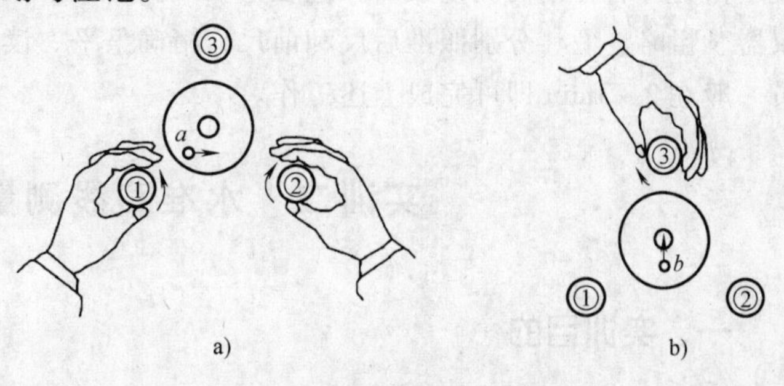

图1-1　粗略整平

（4）照准水准标尺　将水准尺立在距仪器20～50m处，转动望远镜，利用准星粗略瞄准并拧紧水平制动螺旋，调节目镜对光螺旋，使十字丝清晰，再调节物镜对光螺旋使水准尺成像清晰，然后调节水平微动螺旋精确瞄准标尺，即使水准尺影像的一侧靠近于十字丝的竖丝（便于检查水准尺是否竖直）。眼睛略作上下移动，检查十字丝与水准尺分划线之间是否有相对移动（视差），如果存在视差，则仔细进行目镜与物镜对光，消除视差。

（5）精确整平　用右手转动微倾螺旋，使长水准管气泡符合影像窗中的两段弧线吻合。注意微倾螺旋转动方向与符合水准管左侧气泡移动方向的一致性，如图1-2所示。

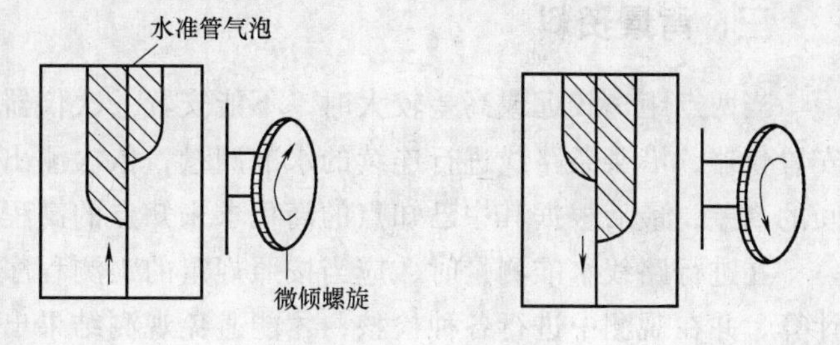

图1-2　精确整平

（6）读数　读出十字丝的中丝在水准尺上的读数，单位为米，精确到小数点后三位，其中最后一位（毫米）为估读。要求会读水准尺上两面的读数。

2. 测定地面两点间高差并计算高程

1）在地面上选择A、B两点，在与A、B两点距离大致相等的地方安置水准仪，粗略整平水准仪。

2）在A点竖立水准尺，水准仪瞄准A点上的水准尺，精确整平后读数，此为后视读数，记入附表1“水准仪使用与测量练习记录表”中。

3）在B点竖立水准尺，瞄准B点上的水准尺，精确整平后读数，此为前视读数，记入附表1中。

4）计算A、B两点的高差。

$$h_{AB} = \text{后视读数} - \text{前视读数}$$

5）计算高程。假定A点的高程H_A为已知，则B点高程为

$$H_B = H_A + h_{AB}$$

六、实训能力评价

本次实训的难点是水准仪的粗略整平和水准尺读数，学生应在30s内完成水准仪的粗略

整平，在 10s 内正确读出水准尺的读数，否则说明没有掌握正确的方法。

作为一名合格的测量人员，应在 5min 内正确完成一个测站的水准测量工作，包括安置仪器、粗略整平、分别照准后尺和前尺、精确整平、读数、记录、计算高程。优秀的测量人员一般在 2 ~ 3min 即可完成上述工作。

实训二 水准路线测量与计算

一、实训目的

掌握一般水准路线测量的实施方法。

二、能力目标

各小组能独立完成一条闭合水准路线的观测、记录和计算，闭合差容许值达到等外水准测量的要求：$f_{h容} = \pm 12\sqrt{n}$ mm（其中 n 为测站数）。利用观测结果，完成水准测量成果的计算工作，求出闭合差、改正数以及各点的高程。

三、背景资料

当两点距离较远或高差较大时，不能安置一次仪器便测得两点间的高差，此时必须逐站安置仪器，沿某条路线进行连续的水准测量，依次测出各站的高差，各站高差之和就是两点间的高差，最后根据其中已知点的高程求未知点的高程。

在进行路线水准测量时，应当按照规定的观测程序进行观测，按一定的格式进行记录和计算，并在观测中进行各种检核，才能避免观测结果出错并达到一定的精度要求。不同等级的水准测量有相应的观测程序和记录格式，检核方法也有所不同，本实训是常用的普通水准测量。

四、仪器与工具

每个小组从仪器室借领 DS_3 微倾式水准仪一台、水准尺两把、尺垫两个、测伞一把，自备记录笔、纸和计算器。

五、实训内容与步骤

1. 选点

在指定的实习场地上，选定一个已知高程点作为水准路线的起点，并选定一条数百米长的闭合路线，待测点数不少于 3 个。

2. 观测

1）在起点立一把水准尺（后尺），在前进方向的下一个点立另一把水准尺（前尺），在离两把水准尺距离基本相等的地方安置水准仪，粗略整平，分别瞄准后尺和前尺，精确整平，读数并记录在附表 2“水准测量记录计算手簿”中。

2）计算两点间的高差，确认无误后，将后尺迁到再下一个点作为前尺，而原前尺不动作为后尺，仪器搬到两尺中间位置，进行第二站观测。用同样方法依次进行各站观测，直到最后回到起点。

3. 计算

1）观测完成后各站高差计算也同时完成，此时要进行计算检核，即：后视读数总和－前视读数总和＝高差总和。

2）计算高差闭合差及限差，超限者返工重测，重测应在分析原因后从最易出错地方测起，每重测一站便计算一次闭合差，若不超限即可停止重测。

3）利用高差数据，在附表2完成闭合差的分配（反号按测站数平均分配）和各点的高程计算。

4. 注意事项

1）瞄准要注意调节十字丝和水准尺影像十分清楚，以消除视差造成的读数误差。

2）每次读数前均要调节水准管气泡准确居中。

3）读数时水准尺要立直扶稳，读数要快而准，宜用两人重复读数法避免读数错误。

4）在起点和其他需测定高程的点上不要放置尺垫，把标尺直接立在点上即可；在转点上立标尺时，如地面松软或不平，应先放尺垫再立尺。

六、实训能力评价

本次实训需要正确操作水准仪，正确读数，正确立尺，会计算高差和高程，同时需要掌握路线水准测量的转点、搬站和交替移尺的步骤和方法。实训需要3人以上合作完成，是团队合作的成果，要注意每人轮流操作仪器、立尺和记录计算，使各项能力得到提高。

作为第一次路线水准测量实训，学生只要在两节课内能完成一条4个点以上的路线水准测量，闭合差在规定的限差范围之内，成果记录格式及计算正确，即可认为基本掌握水准路线测量的方法。

作为一名合格的测量人员，操作水准仪进行水准路线测量，在立尺人员的配合下，应在20min内正确完成一条4个点的路线水准测量工作，包括观测、记录、计算和搬站。优秀的测量人员一般在10min即可完成上述工作。

实训三　DS_3 微倾式水准仪的检验与校正

一、实训目的

1）了解微倾式水准仪各轴线应满足的条件。

2）掌握水准仪检验和校正的方法。

3）要求校正后 i 角值不超过20″，其他条件校正到无明显偏差为止。

二、能力目标

熟悉水准仪的轴线关系，会进行水准仪的检验，了解水准仪校正的方法。

三、背景资料

仪器误差是水准测量误差的主要来源之一，仪器圆水准器轴与竖轴不平行、十字丝横丝与竖轴不垂直、仪器水准管轴与视准轴不平行等都会引起测量误差。应采用检验合格的仪器进行观测，并采用适当的观测方法减少仪器误差对观测结果的影响。因此，水准仪检验与校正是测量人员必备的技能之一。

四、仪器与工具

每个小组从仪器室借领 DS_3 型水准仪 1 台、水准尺 2 把、尺垫 2 个、钢尺 1 把、小改锥 1 把、校正针 1 根，自备笔和纸。

五、实训内容与步骤

1. 圆水准器轴平行于仪器竖轴的检验与校正

（1）检验　转动脚螺旋，使圆水准器气泡居中，将仪器绕竖轴旋转 180°。如果气泡仍居中，则条件满足；如果气泡偏出分划圈外，则需校正。

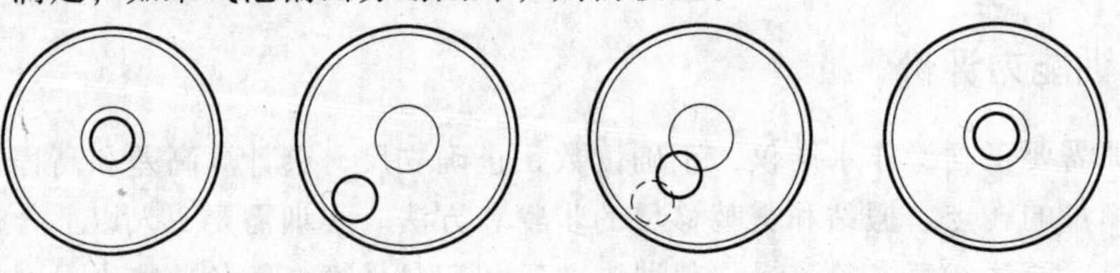

图 1-3　圆水准器的检验与校正

（2）校正　先转动脚螺旋，使气泡移动到偏离值的一半，如图 1-3 所示，然后稍旋松圆水准器底部中央固定螺钉，用校正针拨动圆水准器校正螺钉，如图 1-4 所示，使气泡居中。如此反复检校，直到圆水准器转到任何位置时，气泡都在分划圈内为止。最后旋紧固定螺钉。

2. 十字丝中丝垂直于仪器竖轴的检验与校正

（1）检验　严格整平水准仪（圆水准器居中），用十字丝交点瞄准一明显的点状目标 M，如图 1-5 所示。旋紧水平制动螺旋，转动水平微动螺旋，如果该点始终在中丝上移动，说明此条件满足；如果该点离开中丝，则需校正。

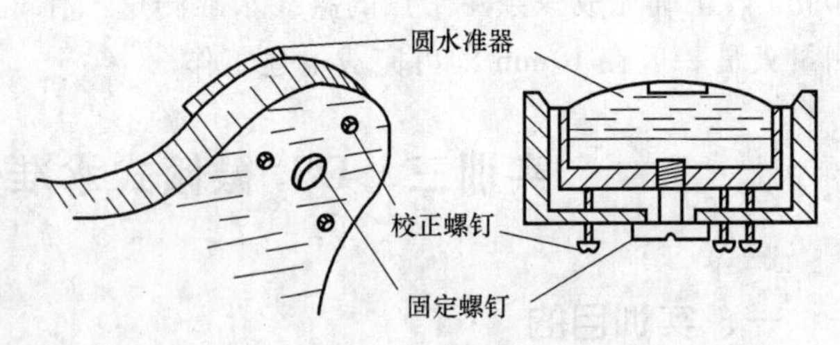

图 1-4　圆水准器校正螺钉

（2）校正　卸下目镜处外罩，松开四个固定螺钉，稍微转动十字丝环，使目标点 M 与中丝重合。反复检验与校正，直到满足条件为止。再旋紧四个固定螺钉。

3. 水准管轴平行于视准轴的检验与校正

（1）检验　如图 1-6 所示，在平坦地面上选定相距约 80m 的 A、B 两点，打入木桩或放尺垫后立水准尺。先用皮尺量出与 A、B 距离相等的 O_1 点，在该点安置水准仪，分别读取 A、B 两点水准尺的读数 a_1 和 b_1，得 A、B 点之间的高差 h_1

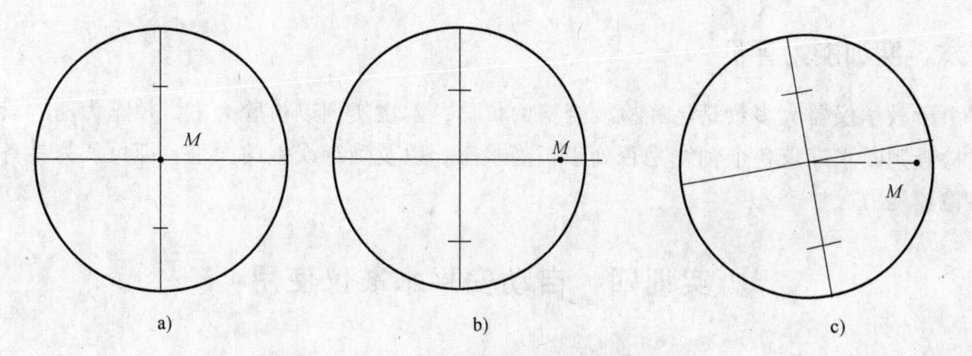

图 1-5　十字丝中丝垂直于仪器竖轴的检验

$$h_1 = a_1 - b_1$$

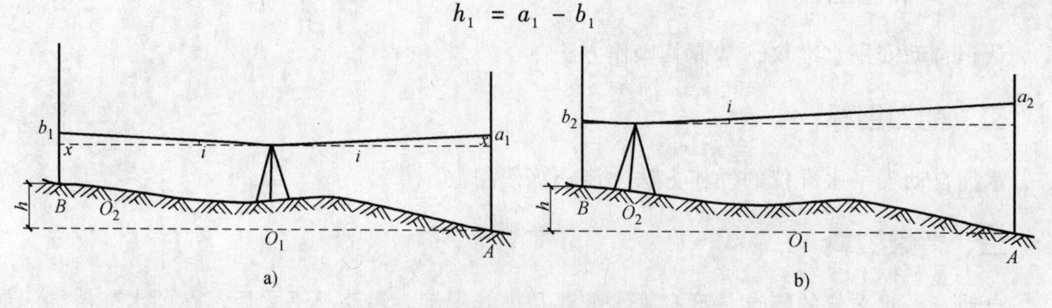

图 1-6　水准管轴平行于视准轴的检验

a）水准仪安置在中点　b）水准仪安置在一端

把水准仪安置在距 B 点约 3m 的 O_2 点，读出 B 点尺上读数 b_2，因水准仪至 B 点尺很近，其 i 角引起的读数偏差可认为近似为零，即认为读数 b_2 正确。由此，可计算出水平视线在 A 点尺上的读数应为

$$a_2 = h_1 + b_2$$

然后，瞄准 A 点水准尺，调水准管气泡居中，读出水准尺上实际读数 a_2'，若 $a_2' = a_2$，说明两轴平行，若 $a_2' \neq a_2$，则两轴之间存在 i 角，其值为

$$i = \frac{a_2 - a_2'}{D_{AB}} \cdot \rho''$$

式中 D_{AB}为 A、B 两点平距，$\rho'' = 206265''$。对于 DS_3 型水准仪，i 角值大于 20″时，需要进行校正。

（2）校正　转动微倾螺旋，使十字横丝对准 A 点水准尺上的应有读数 a_2，此时视准轴水平，但水准管气泡偏离中点。用拨针先稍松水准管左边或右边的校正螺钉，再按先松后紧原则，分别拨动上下两个校正螺钉，将水准管一端升高或降低，使气泡居中。重复检查和校正，直到 i 角值 $< \pm 20''$为止。最后拨紧左、右校正螺钉。

4. 应交资料

水准仪的检验与校正略图和说明表见附表 3。

5. 注意事项

1）检校水准仪时，必须按上述的规定顺序进行，不能颠倒。

2）要按照实验步骤进行检验，确认检验无误后才能进行校正。

3）拨动校正螺钉时，一律要先松后紧，一松一紧，用力不宜过大，校正完毕时，校正螺钉不能松动，应处于稍紧状态。

六、实训能力评价

由于教学仪器大多数是已经检校合格的仪器，本次实训以检验为主，校正为辅。只要能通过检查判断水准仪各个轴线是否处于正确状态，以及确定误差的大小，即可认为具备了基本的检校能力。

实训四 自动安平水准仪使用

一、实训目的

认识自动安平水准仪，掌握其操作方法。

二、能力目标

掌握自动安平水准仪的操作方法并能熟练使用。

三、背景资料

自动安平水准仪的特点是没有管水准器和微倾螺旋。粗略整平之后，在圆水准器气泡居中的条件下，利用仪器中的补偿器获得水平视线读数，省略了精确整平过程，提高了观测速度并消除了因忘记整平而出错的可能，与微倾式水准仪相比，操作更为简便，在实际工程中应用越来越广泛。

四、仪器与工具

每个小组从仪器室借领自动安平水准仪一台、水准尺一把、测伞一把，自备记录笔和纸。

五、实训内容与步骤

1. 操作步骤

（1）安置脚架和连接仪器　选好测站，安放三脚架，使架头大致水平，将水准仪装在架头上，旋紧连接螺旋。

（2）粗平　按“左手拇指规则”旋转仪器脚螺旋，使圆水准器的气泡居中。

（3）瞄准　轻轻在水平方向转动仪器（现在的自动安平水准仪一般无制动螺旋），使望远镜上的粗瞄准器指向水准尺，用水平微动螺旋从望远镜中瞄准目标；旋转目镜调焦螺旋使十字丝清晰，旋转物镜调焦螺旋使水准尺分划清晰；检查是否存在视差，如有则再对目镜和物镜进行仔细调焦。

（4）读数　自动安平水准仪的读数与一般水准仪相同。

2. 注意事项

一些自动安平水准仪设置有补偿器按钮，在读数前先按一下补偿器按钮，待影像稳定下来时再读数，可以确保补偿器没有被卡住。

3. 自动安平补偿性能的检测

安置好自动安平水准仪，调节基座螺旋使圆水准器的气泡居中，瞄准水准尺，调焦，读数并记录下来。稍调节物镜或目镜下面的一个基座螺旋，使水准仪在视线方向有少量的倾斜，观察十字丝横丝在水准尺上的读数是否变化。如读数不变，则说明仪器的自动安平补偿性能良好；如读数发生了变化，说明仪器的自动安平补偿功能有问题，需要维修。

六、实训能力评价

作为一名合格的测量人员，使用自动安平水准仪，应在4min内正确完成一个测站的水准测量工作，包括安置仪器、粗略整平、分别照准后尺和前尺、读数、记录、计算高程。优秀的测量人员一般在1~2min即可完成上述工作。

实训五　DJ_6 光学经纬仪的认识与使用

一、实训目的

1）了解 DJ_6 光学经纬仪的构造，熟悉主要部件的名称和作用。

2）掌握经纬仪的对中整平、瞄准和读数的方法。

二、能力目标

了解 DJ_6 光学经纬仪各部件及其作用，掌握对中整平、瞄准和读数的方法。

三、背景资料

角度测量是测量工作的基本内容之一，DJ_6 光学经纬仪是常用的角度测量仪器，在工程测量中应用十分广泛，了解 DJ_6 光学经纬仪的构造和掌握其使用方法是从事测量工作的基本要求。

四、仪器与工具

每个小组从仪器室借领 DJ_6 经纬仪1台、测钎2根、记录板1块、测伞1把，自备纸笔。

五、实训内容与步骤

1. 经纬仪的安置

（1）初步对中　打开三脚架安置在测站上，使三脚架高度适中，架头大致对中和水平，安放和连接经纬仪；旋转光学对中器的目镜，使对中器分划板的小圆圈清晰；推拉光学对中器的物镜，使地面测站点标志的影像清晰。固定一只架腿，目视对中器目镜并移动其他两只架腿，使对中器的小圆圈对准地面点，踩稳脚架。若光学对中器的小圆圈中心与地面点标志略有偏离，可转动脚螺旋，使圆圈中心对准标志中心。

（2）初步整平　伸缩三脚架腿，使圆水准器气泡居中，注意脚架尖位置不能移动。检查对中器圆圈中心是否还对准地面标志点，若偏离较大，转动基座脚螺旋使对中器中心重新对准地面标志，再伸缩三脚架腿使圆水准器气泡居中，反复进行 1～2 次，即可完成经纬仪的初步对中整平。

（3）精确对中　若光学对中器的中心与地面点偏离较小，可稍松连接螺旋，在架头上平移仪器，使光学对中器的中心准确对准测站点，最后旋紧连接螺旋。

（4）精确整平　松开照准部制动螺旋，转动照准部，使水准管平行于任意一对脚螺旋的连线，如图 1-7 所示，两手同时反向转动这对脚螺旋，使气泡居中；将照准部旋转 90°，转动第三只脚螺旋，使气泡居中。此时若光学对中器的中心与地面点又有偏离，稍松连接螺旋，在架头上平移仪器对中。精确对中和整平一般需要几次循环过程，直至对中误差在 1mm 以内，水准管气泡的偏离不超过 1 格为止。

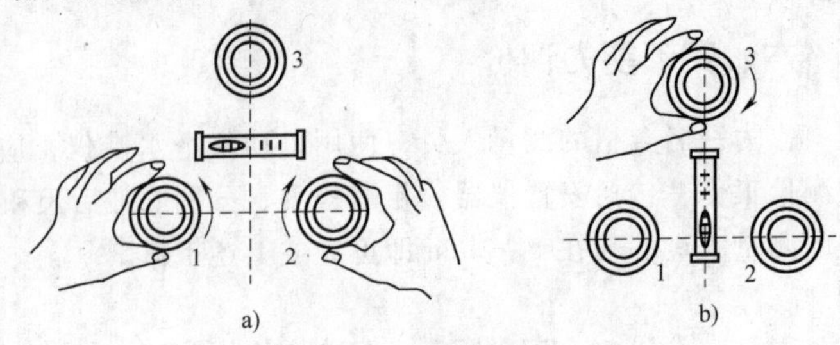

图 1-7　调节基座螺旋精确整平

2. 瞄准目标

1）转动照准部，使望远镜对向明亮处，转动目镜对光螺旋，使十字丝清晰。

2）松开照准部制动螺旋，用望远镜上的粗瞄准器对准目标，使其位于视场内，固定望远镜制动螺旋和照准部制动螺旋。

3）转动物镜对光螺旋，使目标影像清晰；旋转望远镜微动螺旋，尽量照准目标的底部；旋转照准部微动螺旋，使目标像被十字丝的单根竖丝平分，或被双根竖丝夹在中间。

4）眼睛微微左右移动，检查有无视差，如有，转动目镜和物镜的对光螺旋予以消除。

3. 读数

1）调节反光镜的位置，使读数窗亮度适当。

2）转动读数显微镜目镜对光螺旋，使度盘分划清晰。注意区别水平度盘与竖直度盘读数窗。

3）读取位于分微尺中间的度盘刻划线注记度数，从分微尺上读取该刻划线所在位置的分数，估读至 0.1′（即 6″的整倍数）。

盘左位置瞄准目标，读出水平度盘读数，纵向转望远镜，盘右位置再瞄准该目标，两次读数之差约为 180°，以此检核瞄准和读数是否正确。读数记录在附表 4“经纬仪使用与读数练习”中。

六、实训能力评价

本次实训的难点在于经纬仪的对中与整平，其次是经纬仪的读数。学生应在 5min 内完成经纬仪的对中与整平，在 10s 内正确读出度盘的读数，否则说明没有掌握正确的方法。作为一名合格的测量人员，应在 15min 内正确完成一个测回的工作，包括安置仪器、对中整平、读数、记录、计算。优秀的测量人员一般在 5min 即可完成上述工作。

实训六　水平角观测

一、实训目的

掌握测回法水平角观测的操作、记录和计算。

二、能力目标

掌握测回法水平角观测的操作、记录和计算，精度符合要求。

三、背景资料

测回法适用于测量两个方向之间的单角，在工程测量中应用广泛，要求学生能够熟练掌握并能灵活运用。

四、仪器与工具

每个小组到仪器室借领 DJ_6 经纬仪 1 台、测钎 2 根（或花杆两根）、记录板 1 块、测伞 1 把，纸笔自备。

五、实训内容与步骤

1. 操作步骤

1）在地面上选择 A、B、C 三点组成三角形，做好地面标志，如图 1-8 所示。

2）在 A 点安置经纬仪，对中、整平，在 B、C 点竖立测钎（或花杆）。

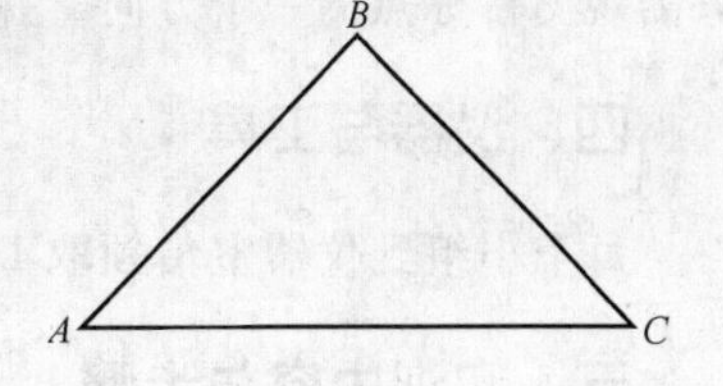

图 1-8　水平角观测布置示意图

3）盘左位置，瞄准左手方向的目标 B，配水平度盘读数为 0°多一些，读取水平度盘读数，记入观测手簿；然后松开照准部制动螺旋，顺时针转动照准部，瞄准右手方向目标 C，读取水平度盘读数，记入观测手簿（附表 5“水平角观测记录手簿”）。目标 C 的读数减目标 B 的读数得到上半测回水平角。

4）盘右位置，松开照准部和望远镜制动螺旋，纵向转望远镜成盘右位置，瞄准原右手方向的目标 C，读取水平度盘读数，记入观测手簿；然后松开照准部制动螺旋，逆时针转动照准部，瞄准原左手方向的目标 B，读取水平度盘读数，记入观测手簿。目标 C 的读数减目标 B 的读数得到下半测回水平角。

5）如果上、下半测回角值之差不超过 $\pm 40''$，取两者的平均值作为 A 的水平角。如果超限，要进行重测直至合格。

6）依次将经纬仪搬到 B、C 点，同上进行水平角观测，得到 B、C 的水平角。将 A、B、C 三个角相加，其与 180°之差应小于 $60\sqrt{3}'' = 104''$。

2. 注意事项

1）目标不能瞄错，并尽量瞄准目标下端。

2）每个测站均是盘左照准第一个目标时配水平度盘读数为0°多一些，盘右不配水平度盘。

六、实训能力评价

本次实训的难点是经纬仪的熟练操作和精确度，学生应在45min内完成本次任务，否则说明没有掌握正确的方法。重点是在正确的操作方法下得出的结论应符合精度的允许值，否则将重测。

实训七　垂直角观测

一、实训目的

1）掌握垂直角观测、记录、计算的方法。

2）了解竖盘指标差的含义及要求。

二、能力目标

掌握垂直角观测的方法，会计算竖盘指标差。

三、背景资料

垂直角又称为竖直角，它与水平角一样，其角度值是度盘上两个方向的读数差，不同的是两个方向中有一个是水平线，其读数是一个常数（盘左为90°，盘右为270°）。在观测中，只需观测目标点的一个方向，并读取竖盘读数，便可通过计算得到垂直角。

四、仪器与工具

每个小组到仪器室借领取DJ_6经纬仪1台、记录板1块、测伞1把，纸笔自备。

五、实训内容与步骤

1. 操作步骤

1）在测站点O上安置经纬仪，对中整平后，选定一个目标A。

2）观察竖直度盘注记形式并写出垂直角的计算公式。盘左位置将望远镜大致放平观察竖直度盘读数，然后将望远镜慢慢上仰，观察竖直度盘读数变化情况，是增大还是减小，推断盘左的垂直角计算公式。然后换成盘右位置，同法推断盘右的垂直角计算公式。

常见经纬仪的盘左和盘右垂直角计算公式分别为：

$$\alpha_L = 90° - L$$

$$\alpha_R = R - 270°$$

3）盘左观测。盘左用十字丝中丝切准目标A，转动竖盘指标水准管微动螺旋，使竖盘指标水准管气泡居中。对于具有竖盘指标自动零装置的经纬仪，则打开自动补偿器，使竖盘指标居于正确位置。读取竖直度盘读数L，记入观测手簿（附表6“垂直角观测手簿”）并计算α_L。

4）盘右观测。盘右同盘左法观测 A 目标，读取盘右读数 R，记入观测手簿并计算出 α_R。

5）计算竖盘指标差 x 和一测回垂直角 α：

$$x = \frac{1}{2}(\alpha_R - \alpha_L)$$

$$\alpha = \frac{1}{2}(\alpha_L + \alpha_R)$$

6）同法测定其他目标，要求每人观测一个目标，并完成相应的计算。同一台仪器不同目标的竖盘指标差的互差最大不能超过 ±25″。

2. 注意事项

1）对于具有竖盘指标水准管的经纬仪，每次竖盘读数前，必须调节竖盘指标水准管气泡居中。具有竖盘指标自动零装置的经纬仪，每次竖盘读数前，必须打开自动补偿器，使竖盘指标处于正确位置。

2）垂直角观测时，对同一目标应以中丝切准目标。

3）计算垂直角和指标差时，应注意正、负号。

3. 应交成果

垂直角观测记录一份。

六、实训能力评价

本实训旨在培养学生熟练观测垂直角的能力，在熟练操作经纬仪的基础上要掌握垂直角的观测方法，并能在7min内完成一个垂直角的观测。优秀的测量人员一般在3～5min即可完成上述工作。

实训八　DJ_6 光学经纬仪的检验与校正

一、实训目的

1）了解经纬仪的主要轴线之间应满足的几何关系。

2）掌握光学经纬仪检验与校正的基本方法。

二、能力目标

熟悉经纬仪的轴线关系，会进行经纬仪的检验，了解经纬仪校正的方法。

三、背景资料

仪器误差是角度测量误差的主要来源之一，应采用检验合格的仪器进行观测，并采用适当的观测方法减少仪器误差对观测结果的影响。因此经纬仪检验与校正是测量人员必备的技能之一。

四、仪器与工具

每组学生领取 DJ_6 经纬仪1台，校正针1枚，小螺钉旋具1把，记录板1块。

五、实训内容与步骤

1. 水准管轴垂直于仪器竖轴的检验与校正

（1）检验　初步整平仪器，转动照准部使水准管平行于一对脚螺旋连线，转动这对脚螺旋使气泡严格居中；然后将照准部旋转180°，如果气泡仍居中，则说明条件满足，如果气泡中点偏离水准管零点超过一格，则需要校正。

（2）校正　先转动脚螺旋，使气泡返回偏移值的一半，再用校正针拨动水准管校正螺钉，使水准管气泡居中。如此反复检校，直至水准管旋转至任何位置时水准管气泡偏移值都在一格以内。

2. 十字丝竖丝垂直于横轴的检验与校正

（1）检验　用十字丝交点瞄准一个清晰的点状目标 P，转动望远镜微动螺旋，使竖丝上、下移动，如果 P 点始终不离开竖丝，则说明该条件满足，否则需要校正，如图1-9所示。

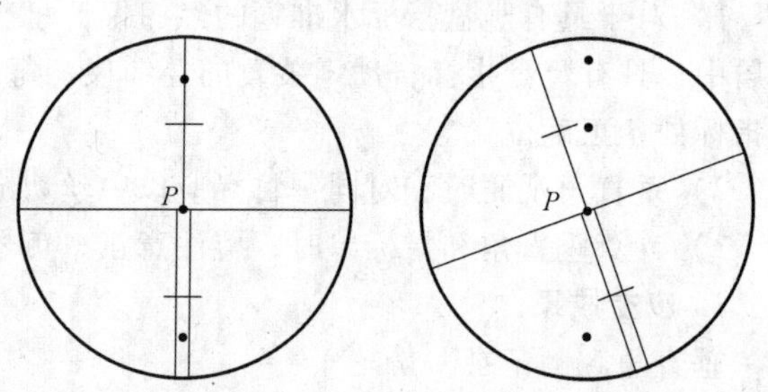

图1-9　十字丝竖丝垂直于横轴的检验

（2）校正　旋下十字丝环护罩，用小螺钉旋具松开十字丝外环的4个固定螺钉，转动十字丝环，使望远镜上、下微动时，P 点始终在竖丝上移动为止，最后旋紧十字丝外环固定螺钉，如图1-10所示。

3. 视准轴垂直于横轴的检验和校正

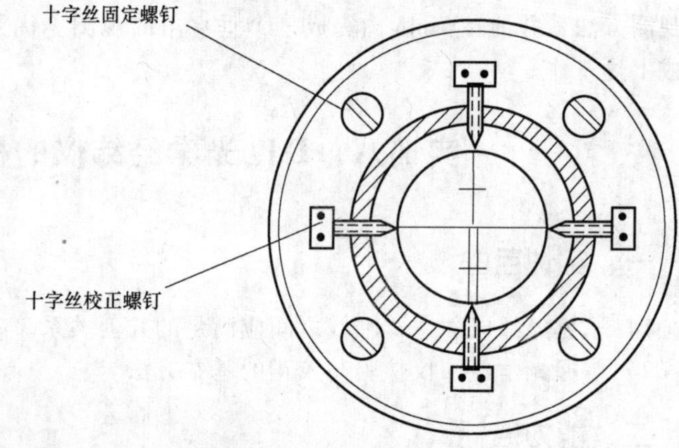

图1-10　十字丝竖丝的校正

（1）检验　在平坦地面上，选择相距约100m的 A、B 两点，在 AB 连线中点 O 处安置经纬仪，并在 A 点设置一个瞄准标志，在 B 点横放一根刻有毫米分划的直尺，使直尺垂直于视线 OB，A 点的标志、B 点横放的直尺应与仪器大致同高，如图1-11所示。

用盘左位置瞄准 A 点，制动照准部，然后纵向转望远镜，在 B 点尺上读得 B_1；用盘右位置再瞄准 A 点，制动照准部，然后纵向转望远镜，再在 B 点尺上读得 B_2。如果 B_1 与 B_2 两读数相同，说明条件满足。否则，按下式计算 c：

$$c = \frac{B_1B_2}{4D}\rho''$$

如果 $c > 60''$，则需要校正。

（2）校正　校正时，在直尺上定出一点 B_3，使 $B_2B_3 = B_1B_2/4$，OB_3 便与横轴垂直。打开望远镜目镜端护盖，用校正针先松十字丝上、下的十字丝校正螺钉，再拨动左右两个十字丝校正螺钉，一松一紧，左右移动十字丝分划板，直至十字丝交点对准 B_3。此项检验与校

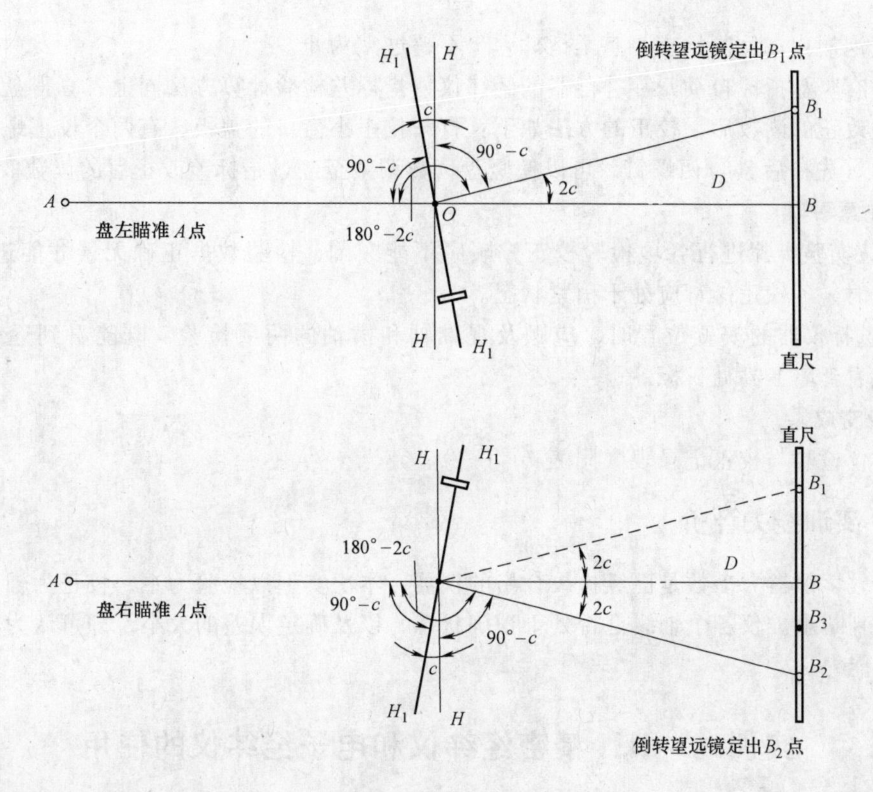

图 1-11 视准轴误差的检验

正也需反复进行。

4. 横轴垂直于仪器竖轴的检验

如图 1-12 所示，在离墙面约 30m 处安置经纬仪，盘左瞄准墙上高处目标 P（仰角约 30°），放平望远镜，在墙面上定出 A 点；盘右再瞄准 P 点，放平望远镜，在墙面上定出 B 点；如果 A、B 重合，则说明条件满足；如果 A、B 相距大于 5mm，则需要校正。

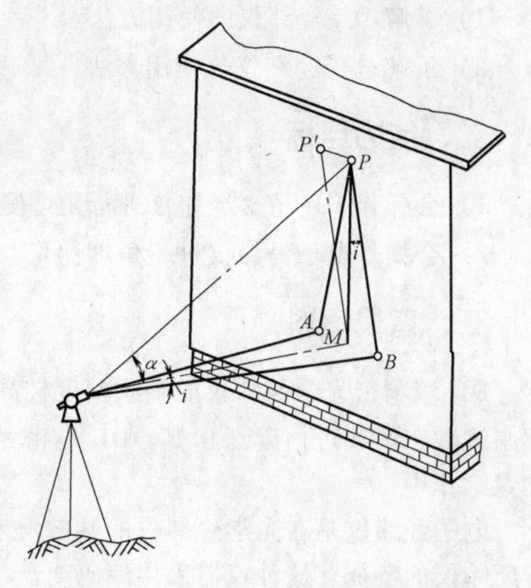

图 1-12 横轴垂直于仪器竖轴的检验

由于横轴校正设备密封在仪器内部，该项校正应由仪器维修人员进行。

5. 指标差的检验与校正

（1）检验 整平经纬仪，盘左、盘右观测同一目标点 P，转动竖盘指标水准管微动螺旋，使竖盘指标水准管气泡居中，读记竖盘读数 L 和 R，按下式计算竖盘指标差

$$x = \frac{1}{2}(L + R - 360°)$$

当竖盘指标差 $x > 1'$ 时，则需校正。

（2）校正 仍以盘右瞄准原目标 P，转动竖盘指标水准管微动螺旋，使竖直度盘读数为 $(R - x)$，此时竖盘指标水准管气泡必然偏离，用校正针拨动竖盘指标水准管一端的校正螺

钉，使气泡居中。反复检查，直至指标差 x 不超过 1′为止。

对于有竖盘指标自动归零补偿器的经纬仪，指标差检验计算方法同上，算得盘左或盘右经指标差改正的读数后，校正的方法如下：打开校正小窗口的盖板，有两个校正螺钉，等量相反转动（先松后紧）两螺钉，可以使竖盘读数调整至经过指标差改正后的读数。

6. 注意事项

1）按实验步骤进行各项检验校正，顺序不能颠倒，检验数据正确无误才能进行校正，校正结束时，各校正螺钉应处于稍紧状态。

2）选择仪器的安置位置时，应顾及视准轴和横轴的两项检验，既能看到远处水平目标，又能看到墙上高处目标。

7. 应交成果

经纬仪检验与校正记录表（附表 7）一份。

六、实训能力评价

由于教学仪器大多数是已经检校合格的仪器，本次实训以检验为主，校正为辅。只要能通过检查判断水准仪各个轴线是否处于正确状态，以及确定误差的大小，即可认为具备了基本的检校能力。

实训九　DJ_2 精密经纬仪和电子经纬仪的使用

一、实训目的

1）了解 DJ_2 经纬仪的使用方法。

2）了解电子经纬仪的使用方法。

二、能力目标

1）会操作 DJ_2 精密经纬仪进行角度测量。

2）会操作电子经纬仪进行角度测量。

三、背景资料

DJ_2 级精密光学经纬仪的轴系精度较高，也比较稳定可靠，一般都采用对径分划线测微器来读数，读数可估读到 0.1″。DJ_2 精密经纬仪可用于较高等级的控制测量和精度要求高的测量工作中。

电子经纬仪是在光学经纬仪的基础上发展起来的新一代测角仪器，故仍然保留着许多光学经纬仪的特征。这种仪器采用编码度盘、光栅度盘或静态绝对度盘度进行测角，能将读数自动地以数字方式显示在屏幕上或记录在储存器中。电子经纬仪正越来越多地用于各领域的测量工作。

四、仪器与工具

每组学生领取 DJ_2 经纬仪 1 台、电子经纬仪 1 台、记录板 1 块，自备纸笔。

五、实训内容与步骤

1. DJ_2 精密经纬仪的使用

（1）安置仪器　DJ_2 精密经纬仪的对中整平与 DJ_6 经纬仪完全相同，也是采用光学对中器，按粗略对中、粗略整平、精确对中和精确整平四个步骤进行。

（2）瞄准目标　DJ_2 精密经纬仪瞄准目标的操作方法与 DJ_6 经纬仪完全相同，观测水平角时，用竖丝瞄准目标的根部，观测垂直角时，用横丝切准目标的顶部。

（3）读数　DJ_2 精密经纬仪的读数方法与 DJ_6 经纬仪不同，首先要转动度盘像变换螺旋，如图 1-13a 所示，使读数显微镜中出现水平度盘或竖直度盘的影像，相应打开水平度盘或竖直度盘的进光窗。读数前还要转动读数测微螺旋，使对径分划线重合窗中的上下分划线重合，再在上部整度读数窗中读出度数，在小方框中读出整 10 分，在测微尺读数窗内读出分和秒，三者相加即为度盘读数。图 1-13b 的读数为 227°53′14.8″。

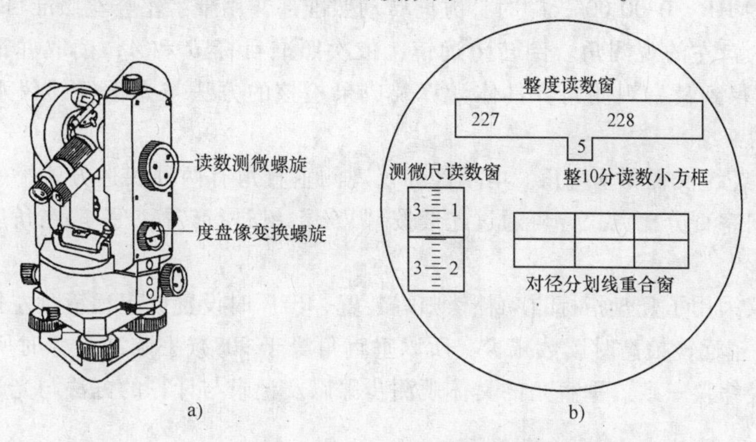

图 1-13　精密光学经纬仪读数装置

（4）竖盘指标自动补偿装置　多数 DJ_2 精密经纬仪配有竖盘指标自动补偿装置，在观测垂直角时，需先松开补偿器锁紧螺旋，使补偿器发挥作用。观测完成后应旋紧补偿器锁紧螺旋，以免搬动仪器时损坏补偿器。

2. 电子经纬仪的使用

下面以南方测绘仪器公司生产的 ET-02/05 电子经纬仪为例，介绍电子经纬仪的使用。ET-02/05 电子经纬仪的构造如图 1-14 所示。各院校可根据本校的电子经纬仪型号，将实物与说明书对照，了解仪器的构造，以及每个旋扭的作用，然后按下列步骤进行角度测量。

1）安置电子经纬仪，其对中整平的方法与光学经纬仪相同。有些电子经纬仪采用激光对中器代替光学对中器，其对中整平的方法不变。

2）打开电源开关，上下摇动一下望远镜初始化仪器，屏幕上即显示出水平度盘读数和竖直度盘读数。观察电量指示，如电量不足，应关掉仪器电源更换电池。

3）用电子经纬仪观测水平角。先观察水平度盘读数前是“HR”还是“HL”，“HR”表示右旋，即水平度盘读数顺时针方向增大；“HL”表示左旋，即水平度盘读数逆时针方向增大。可通过连续按“R/L”选择键使仪器处于右旋状态。

用望远镜十字丝竖丝照准目标 *A* 后，按“置 0”键，使水平度盘读置为 0°00′00″，即显

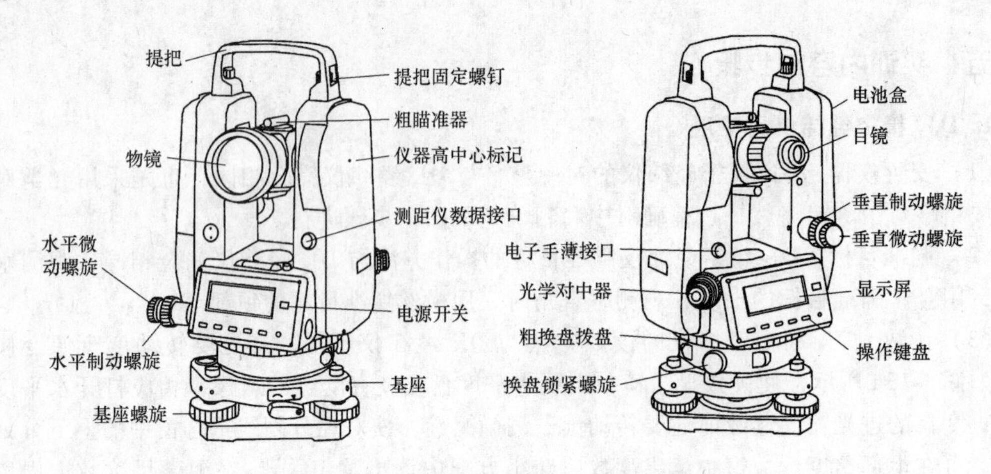

图 1-14　南方 ET-02/05 电子经纬仪的构造

示目标 A 方向为 HR　0°00′00″；顺时针方向转动照准部，用十字丝竖丝照准目标 B，此时显示的 HR 值即为盘左的观测角。倒转望远镜，依次照准目标 B 和 A，读取并记录所显示的 HR 值，经计算得到盘右观测角，具体计算及成果检核的方法与光学经纬仪水平角观测相同。

4）用电子经纬仪观测垂直角。电子经纬仪观测垂直角有两种表达方式，一种是角度方式，另一种是斜率百分比方式，可通过连续按“V%”键进行转换。一般在角度方式下观测垂直角。

电子经纬仪采用了竖盘指标自动补偿归零装置，出厂时设置成望远镜盘左指向水平方向时读数为 90°，望远镜抬高时读数减少，所以垂直角等于 90°减去瞄准目标时所显示的 V 读数，这与光学经纬仪一致。垂直角的具体观测步骤以及记录与计算的方法与光学经纬仪基本相同。

实训十　钢尺丈量和视距测量

一、实训目的

1）熟悉钢尺的正确使用。

2）掌握直线定线的方法。

3）掌握钢尺量距的一般方法与成果计算。

4）掌握视距测量的观测、记录和计算方法。

二、能力目标

1）能用钢尺按一般方法量距。

2）能用视距测量方法进行距离测量。

三、背景资料

钢尺具有成本低、使用方便和准确直观的优点，是建筑工程中最常用的距离测量工具。

但钢尺量距受到尺长限制，有时需要分段测量，此外量距时受尺长误差、温度变化和地面不平等因素影响较大。

视距测量是用经纬仪和水准仪等测量仪器中望远镜内十字丝分划板上的视距丝，以及标尺或水准尺，根据几何光学和三角学原理，同时测定地面两点间的水平距离和高差。这种方法操作简便、迅速，不受地面起伏的限制，但精度比钢尺低，只可用于地形图碎部测量等精度要求不太高的场合。

四、仪器与工具

经纬仪 1 台，30m 钢尺 1 把，测钎 3 根，水准尺 1 把，记录板 1 块。自备记录纸、笔和计算器等。

五、实训内容与步骤

1. 钢尺量距实训步骤

（1）用经纬仪定线　在实训场上选定相距 60m 以上的两点 A、B，作好标志。将经纬仪安置于 A 点，对中、整平。用望远镜十字丝纵丝照准立于 B 点的测钎，固定照准部水平制动螺旋，然后将望远镜向下俯视，用手势指挥移动分段点的测钎，当测钎与十字丝纵丝重合时，在测钎的位置打下木桩和钉下铁钉，或者在地面上画出分段点标志。

（2）往测　后尺手持钢尺的零端位于 A 点的后面，前尺手持尺的末端沿 AB 方向前进，两人同时将钢尺拉紧、拉平、拉稳，后尺手将尺的零点对准 A 点并喊“好”，前尺手读取读数并记录。这样便完成了第一尺段的丈量工作。同样的方法测量其他各段的水平距离，各段相加得到 AB 往测水平距离 $D_{往}$。观测数据记录在附表 8“距离测量记录表”。

（3）返测　同样的方法由 B 点量至 A 点进行返测，得到直线 AB 水平距离的返测结果 $D_{返}$。

（4）计算　AB 的平均距离 D 为：

$$D = \frac{1}{2}(D_{往} + D_{返})$$

相对误差 K 为：

$$K = \frac{|D_{往} - D_{返}|}{D}$$

平坦地区一般相对误差 $K_{容} \leqslant 1:3000$。相对精度符合要求时，取其平均值作为最后成果；超过限差要求时，则重新测量。

2. 视距测量实训步骤

（1）安置经纬仪　在 A 点上安置经纬仪，对中、整平，量取仪器高 i（精确到厘米），设测站点地面高程为 H_A（例如 $H_A = 75\text{m}$）。

（2）水平视线观测　盘左状态，调节竖盘指标水准管气泡居中，上下转动望远镜，使竖盘读数为 90°00′00″，即使望远镜处于水平状态。照准 B 点上的水准尺，读取上、下丝读数 a、b，中丝读数 v，分别记入附表 9“视距测量记录表”。按下式计算水平距离和高程。

水平距离：$D = Kl$　　　其中 $K = 100$，$l = a - b$

B 点高程：$H_B = H_A + h_{AB}$　　其中 $h_{AB} = i - v$

（3）倾斜视线观测　盘左状态，上下转动望远镜使视线不水平，调节竖盘指标水准管气泡居中，照准在 B 点上立的水准尺，读取上、下丝读数 a、b，中丝读数 v，竖盘读数，分别记入视距测量手簿。按下式计算水平距离和高程。

水平距离：$D = Kl\cos^2\alpha$ 其中 $K = 100$，$l = a - b$，α 为垂直角（$\alpha = 90° -$ 竖盘读数）

高差：$h = D\tan\alpha + i - v = \frac{1}{2}Kl\sin2\alpha + i - v$

B 点高程：$H_B = H_A + h$

六、实训能力评价

1）钢尺量距的难点是分段点的确定，视距测量的难点是计算比较麻烦。

2）钢尺量距的相对误差在1/3000以内、视距测量的精度在1/200以内，即为合格。

3）实习过程中应操作规范、配合默契，在精度合格的前提下，所用时间越短，成绩越好。

七、注意事项

1）钢尺量距的原理简单，但在操作上容易出错，要做到三清：零点看清——尺子零点不一定在尺端，有些尺子零点前还有一段分划，必须看清；读数认清——尺上读数要认清米、分米、厘米的标注和毫米的分划数；尺段记清——尺段较多时，容易发生少记一个尺段的错误。

2）钢尺容易损坏，为维护钢尺，应做到四不：不扭，不折，不压，不拖。用毕要擦净后才可卷入尺壳或把手内。

3）前、后尺手动作要配合好，定线要直，尺身要水平，尺子要拉紧，用力要均匀，待尺子稳定时再读数或插测钎。

4）用测钎标志点位时，测钎要竖直插下，前、后尺所量测钎的部位应一致。

5）读数要细心，小数要防止错把9读成6，或将21.041读成21.014等。

6）记录应清楚，记好后及时回读，互相校核。

7）视距测量前应校正竖盘指标差。

8）标尺应严格竖直。

9）仪器高度、中丝读数和高差计算精确到厘米，平距精确到分米。

10）倾斜视线观测时，可用下丝对准尺上整米读数，读取上丝在尺上的读数，心算出视距。

实训十一　全站仪的基本操作与使用

一、实训目的

1）了解全站仪的构造、各部件的名称及作用。

2）熟悉全站仪的操作界面及按键的功能。

3）能用全站仪进行角度测量和距离测量。

4）能用全站仪进行坐标测量。

二、能力目标

1）掌握全站仪的基本操作。

2）掌握全站仪测量角度和距离的方法。

3）掌握全站仪测量坐标的方法。

三、背景资料

全站仪是由电子测角、电子测距、电子计算和数据存储等单元组成的三维坐标测量仪器，能自动显示测量结果并与计算机等其他设备进行数据交换，具有精度高和自动化程度高的特点，广泛应用于控制测量、数字测图和施工测量，是目前常用的测量仪器之一。

全站仪的种类很多，各种型号仪器的基本结构大致相同，工作原理也基本相同。不同仪器的显示界面和具体操作方法可能有所不同，但其主要功能和操作步骤是一致的。这里以南方测绘仪器公司生产的南方 NTS350 系列全站仪为例，介绍全站仪的基本操作与使用。

四、仪器与工具

全站仪 1 台，棱镜 1 个及对中杆 1 付，测伞 1 把。

五、实训内容与步骤

1. 全站仪的认识

如图 1-15 所示，全站仪和电子经纬仪外形基本一样，由基座、照准部、水平度盘和竖直度盘等组成，度盘采用编码度盘或光栅度盘，读数方式为电子显示。全站仪的望远镜内设置有光电测距仪，因此与电子经纬仪的望远镜相比要粗很多。全站仪的显示屏也大一些，按键也多了很多，以便满足更复杂功能的需要。

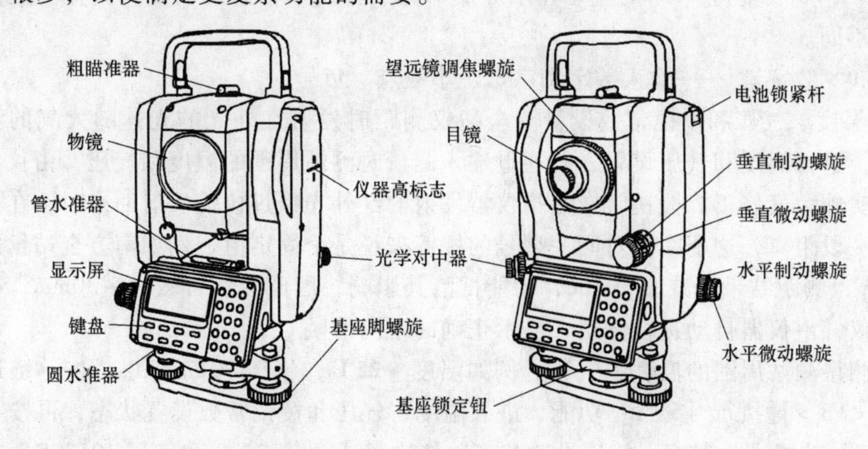

图 1-15　南方 NTS-350 全站仪

2. 测量前的准备工作

（1）安置仪器　将全站仪安置在测站上，对中整平，方法与经纬仪相同，注意全站仪脚架的中心螺旋与经纬仪脚架不同，两种脚架不能混用。安置反光镜于另一点上，经对中整平后，将反光镜朝向全站仪。

（2）开机及初始化　按面板上的 <POWER> 键打开电源，注意观察显示窗右下方的电池信息，判断电池是否有足够的电量并采取相应的措施，电池信息意义如下：

≡——电量充足，可操作使用。

=——刚出现此信息时，电池尚可使用 1h 左右；若不掌握已消耗的时间，则应准备好备用的电池。

-——电量已经不多，尽快结束操作，更换电池并充电。

-闪烁到消失——从闪烁到缺电关机大约可持续几分钟，电池已无电应立即更换电池。

转动一下照准部和望远镜，完成仪器的初始化，此时仪器一般处于测角状态。面板布局如图 1-16 所示，有关键盘符号的名称与功能如下：

<POWER> 电源开关键—— 短按开机，长按关机。

<ANG>（▲）——角度测量键（上移键），进入角度测量模式（上移光标）。

<◢>（▼）——距离测量键（下移键），进入距离测量模式（下移光标）。

<⊾>（◀）——坐标测量键（左移键），进入坐标测量模式（左移光标）。

<MENU>（▶）——菜单键（右移键），进入菜单模式（右移光标），可进行各种程序测量、数据采集、放样和存储管理等。

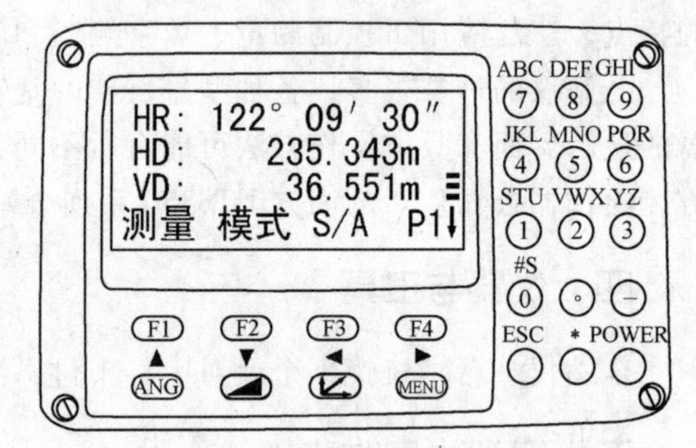

图 1-16　南方 NTS-350 全站仪面板

<ESC>退出键——返回上一级状态或返回测量模式。

<✱>星键——进入参数设置状态。

<F1～F4>功能键——对应于显示屏最下方一排所示信息的功能，具体功能随不同测量状态而不同。

<0～9>数字键——输入数字和字母、小数点、负号。

（3）温度、气压和棱镜常数设置　全站仪测距时发射红外光的光速随大气的温度和压力而改变，进行温度和气压设置，是通过输入测量时测站周围的温度和气压，由仪器自动对测距结果实施大气修正。棱镜常数是指仪器发射的红外光经过棱镜反射回来时，在棱镜处折射多走了一段距离，这个距离对同一型号的棱镜来说是个固定值，例如南方全站仪配套的棱镜为 30mm，测距结果应减去 30mm，才能抵消其影响，因此棱镜常数为 -30mm，在测距时输入全站仪，由仪器自动进行修正，显示正确的距离值。

预先测得测站周围的温度和气压。例如温度 +25℃，气压 1017.5hPa。按◢键进入测距状态，按 <F3> 键执行［S/A］功能，进入温度、气压和棱镜常数设置状态，再按 <F3> 键执行［T/P］功能进入温度、气压设置状态，依次输入温度 25.0 和气压 1017.5，按 <F4> 键确认，如图 1-17a 所示。按 <ESC> 键退回到温度、气压和棱镜常数设置状态，按 <F1> 键执行［棱镜］功能，进入棱镜常数设置状态，输入棱镜常数（-30），按 <F4> 键确认，如图 1-17b 所示。

3. 角度测量

角度测量是全站仪的基本功能之一，开机一般默认进入角度测量状态，南方 NTS350 也

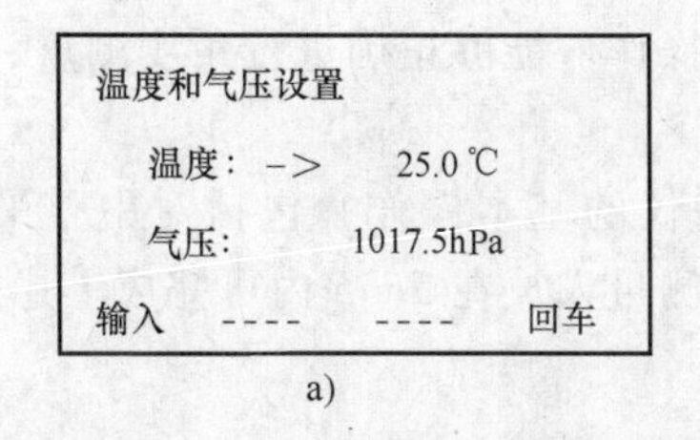

a)

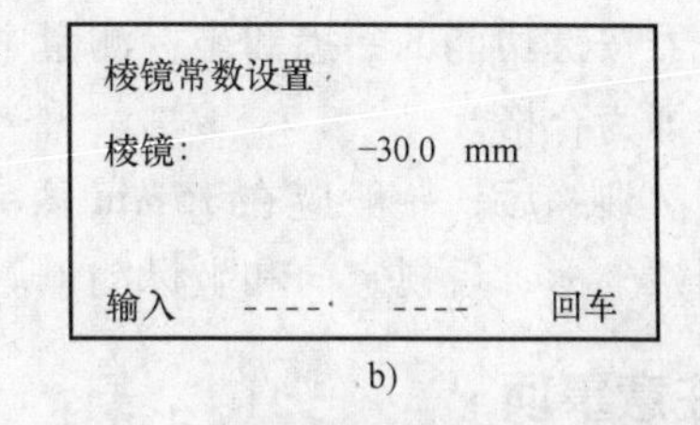

b)

图 1-17　温度、气压、棱镜常数设置和测距屏幕

可按<ANG>键进入测角状态，屏幕上的“V”为垂直度盘读数，“HR”（度盘顺时针增大）或“HL”（度盘逆时针增大）为水平度盘读数，水平角置零等操作按<F1 ~ F4>功能键完成，具体操作方法与电子经纬仪基本相同。

如果只是测量角度，不需要设置棱镜常数、温度和气压。

4. 距离测量

照准棱镜中心，按<◢>键，距离测量开始，1 ~ 2s 后在屏幕上显示水平距离 HD，同时屏幕上还显示全站仪中心与棱镜中心之间的高差 VD，如果需要显示斜距，则按<◢>键，屏幕上便显示斜距 SD。

全站仪测距时一般有精测、粗测和跟踪三种测量模式，测量时可根据工作需要选择合适的测量模式。精测模式是正常的测距模式，用于精度要求高的情况。粗测模式的观测时间比精测模式短，用于精度要求相对不太高的情况，可加快测量速度。跟踪模式观测时间要比精测模式短，用于每隔一定的时间测量一次，适合对不断移动目标的观测，由于需要持续测量，耗电量较大。

5. 坐标测量

（1）设置测站　将测量模式切换到“坐标测量”模式，选择“测站坐标”功能项，输入测站点的已知坐标和高程。可直接从键盘上输入，也可从已知点数据文件中调用，注意全站仪将（x，y，H）显示为（N、E、Z）。用小钢尺量出地面上测站点标志至仪器望远镜旋转中心的高度，输入到“仪器高”项。

（2）后视定向　后视照准另一个已知控制点，输入该点的已知坐标作为后视点坐标，或者直接输入后视方向的方位角。同样，定向点的已知坐标可直接从键盘上输入，也可从已知点数据文件中调用。定向点的高程可不输入，按确定键完成定向。

（3）坐标测量　在待测点上立棱镜，将棱镜高报告给测站人员，输入“棱镜高”项。全站仪照准棱镜中心，按<测量>键，经短暂时间后，全站仪即可在屏幕上显示出待测点的坐标和高程。将该点结果抄录或保存后，即可进行下一个点的观测。

全站仪坐标测量数据可记录在附表 10“全站仪坐标测量记录表”中。

注意，如果棱镜高度改变，应将新的棱镜高度输入到全站仪，否则高程结果将产生错误。此外，定向完成后应首先观测定向点的坐标和高程，并与已知数据对照检查，确认设置测站和定向正确。最好能再检测另一个已知点，以确保无误。在观测过程中，每隔一定时间和观测了若干个点后，以及观测结束时，也应检测一次后视点。

六、实训能力评价

本次实训的目的是初步认识全站仪，在此基础上重点学习距离测量和坐标测量方法，其中难点是仪器按键功能的熟悉和坐标测量中的定向操作。能够正确进行角度测量、距离测量和坐标测量即为合格。

经过多次训练后，一般应在15min内完成全站仪的基本操作，包括对中整平、设置参数、设置测站坐标、后视定向和坐标测量。熟练的测量人员在5min内可完成上述操作。

七、注意事项

全站仪是贵重的精密测量仪器，除了按一般的光学测量仪器保管和维护外，还需注意以下事项：

1）仪器搬站前应先关机，距离近时可将仪器和脚架一起搬动，但应保持仪器竖直向上，距离较远时应装箱搬运。仪器应在对中整平完成后再开机。

2）仪器换电池前必须关机，数据线插入和拔出时，也应先关机。

3）仪器要防日晒、防雨淋、防碰撞振动，严禁将仪器望远镜直接对准太阳。

4）操作前应仔细阅读实训指导书和仪器使用手册，并认真听指导教师讲解。不明白操作方法与步骤者，不得操作仪器。

实训十二　经纬仪测图

一、实训目的

了解地形图测绘的原理，熟悉在一个测站用经纬仪和量角器测图的方法和步骤，掌握选择地形特征点的要领。

二、能力目标

会用经纬仪和量角器等仪器工具测绘地形图，完成一个测站的1:500地形图测绘。

三、背景资料

经纬仪测图属于模拟测图，在实地用经纬仪测量地物点与基准线之间的水平角，在图上用量角器按该水平角定出相应的方向线；在实地用视距法或钢尺法测量测站至地物点之间的水平距离，在图上用直尺按该水平距离经一定的比例缩小后定点，即得到所测量地物点的图上位置。经纬仪测图是能很好体现测图原理的方法之一，熟练使用经纬仪测图是对测量人员的基本要求。

四、仪器与工具

DJ_6经纬仪1套，水准标尺1根，小平板加脚架1套，量角器1个，三角板1副，小钢卷尺1个，小针1根，记录板1块，测伞1把。自备图纸（A3）和透明胶、记录表、橡皮、铅笔、计算器。

五、实训内容及步骤

1）如图1-18所示，在实训场地选择两个假定的图根控制点A和B，将经纬仪安置在A

点上，对中、整平，量仪器高。在经纬仪的附近摆放小平板，将图纸用透明胶贴在图板上。

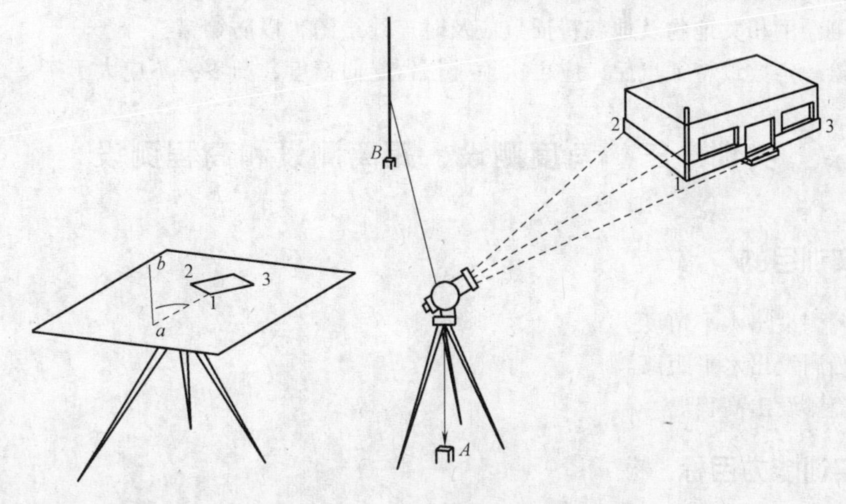

图 1-18　经纬仪测图示意图

2）将经纬仪设置为盘左状态，瞄准另一个假定图根控制点 B，转动度盘变换螺旋把水平度盘读数调到 0°00′00″；绘图员在图纸上合适的位置标出两个点，分别代表 A 和 B 在图上的位置，用直尺在图纸上绘 A 和 B 的连线作为后视方向线，并用小针从量角器中心将其钉在 A 点上。

3）在需要测绘的地物或地貌的特征点上立标尺，用经纬仪瞄准标尺，调节竖盘指标水准管气泡居中，依下列顺序读数：中丝读数、上丝读数、下丝读数、竖盘读数、水平度盘读数，将这些读数记录在附表 11“经纬仪测图记录手簿”中。

为了简化计算，在保证通视情况下，可把望远镜放置到水平状态进行观测。当竖盘指标水准居中且竖盘读数为 90°时，望远镜处于水平状态。

4）记录员按视距测量公式计算测站至测点的水平距离 D 和高程 H（测站 A 的高程由指导教师指定或自己假定）。

5）在图纸上绘出该点，方法是在图板上转动量角器，使与该点水平角值对应的量角器刻划线与图上后视方向线重合，然后在量角器 0°方向线上（水平角大于 180°时在 180°方向线上），按测图比例尺和水平距离 D，在图上定出该点的位置，并在点的右侧注记高程。

6）重复第 3、4、5 步，测出所有地物和地貌的特征点，并及时连线绘图。测绘的地物主要是建筑物、道路、运动场地、园林景点、台阶、陡坎、挡土墙、电线杆、路灯和树木等，测绘的地貌主要是变坡点。实训时可由指导教师指定具体的观测对象和内容。

六、实训能力评价

1）本次实训的难点是将地形特征点准确测绘到图纸上。

2）能在精度满足要求的前提下完成测图即为合格。

3）操作规范，组员之间配合默契，所用时间越少成绩越好。

七、注意事项

1）水平角、垂直角仪观测半个测回即可，通常采用盘左观测，读数到分。

2）注意当竖盘指标水准管居中时，方可读取竖盘读数 L。

3）已测绘的相关地物及地貌特征点应及时连线绘图，以防绘错。

4）测绘一定数量特征点后，应再次检查仪器定向精度，归零差不应大于4′。

实训十三　角度测设、距离测设和高程测设

一、实训目的

1）准确测设出水平角度。

2）准确测设出水平距离。

3）准确测设出高程。

二、实训能力目标

1）掌握用经纬仪进行设计水平角测设的方法。

2）掌握用钢尺进行设计水平距离的测设。

3）掌握用水准仪进行设计高程的测设。

三、实训背景资料

角度测设、距离测设和高程测设是测设的基本工作，是施工测量的主要内容。一个测量人员必须熟练掌握角度测设、距离测设和高程测设，并在工作中灵活运用。

四、仪器与工具

DJ_6 型光学经纬仪1套、30m钢尺1把、测钎3根、木桩4个、水准仪1套、水准标尺1根，自备计算器、记录板。

五、实训内容与步骤

1. 角度测设和距离测设

任务是根据一条已知边 AB，测设一个如图1-19所示的矩形方框，其长宽由指导教师指定，或根据实训场地的情况自行确定，（这里假定长为28.76m，宽为12.48m）。测设步骤如下：

1）各小组在地面上任意定出 A、B 两点，使 $AB=28.76\text{m}$。

2）在 A 点安置经纬仪，以盘左瞄准 B 点，逆时针方向测设90°，在此方向上用钢尺测设12.48m定出 D 点。将经纬仪设为盘右状态，同法再测设一次，若两点不重合且误差小于5mm，取两点的中点作为 D 的最终位置。

3）在 B 点安置经纬仪，以盘左瞄准 A 点，顺时针方向测设90°，在此方向上用钢尺

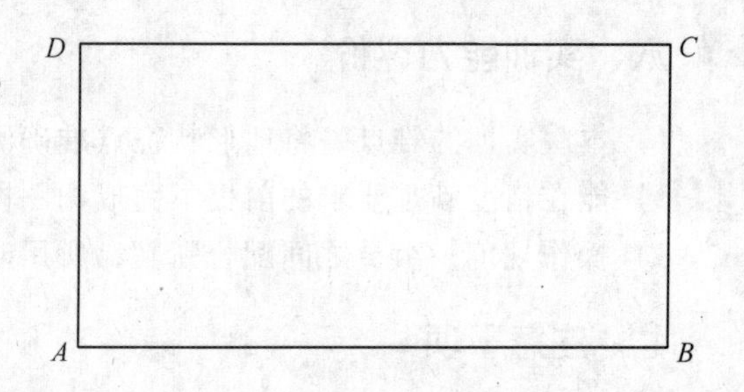

图1-19　角度和距离测设示意图

测设 12.48m 定出 C 点。将经纬仪设为盘右状态，同法再测设一次，若两点不重合且误差小于 5mm，取两点的中点作为 C 的最终位置。

4）检查：用钢尺量取 CD 的长度，相对误差应小于 1/2000；用经纬仪测 $\angle C$，$\angle D$ 一个测回，与 90°相差应小于 60″。检查结果记录在附表 12 “测设已知角和已知距离检核记录表”中。

2. 高程测设

任务是根据已知高程点和设计高程，用水准仪将设计高程标定在指定的地物上（如墙、柱、杆、桩等），已知点高程 H_0 和设计高程 H_P 由指导教师给定或由学生假定。测设步骤如下：

1）在与已知点和待测设高程地物距离基本相等的地方安置水准仪，在已知点上立标尺，后视标尺，调节微倾螺旋使长水准管气泡居中，读后视读数 a，计算仪器视线高程 $H_i = H_0 + a$。

2）在待测设高程的地物侧面立标尺，前视该标尺，调长水准管气泡居中，上下慢慢移动标尺，当前视读数为 $b = H_i - H_P$ 时，用铅笔沿标尺底部在地物上画一条线，该线对应的高程即为测设高程。

例如，已知点高程为 77.153m，设计高程为 77.5m，放样时先后视水准点，设读数为 1.468m，则计算仪器视线高为 77.153m + 1.468m = 78.621m，放样时的前视读数应为 78.621m − 77.5m = 1.121m。

用同样的方法测设下一个设计高程点。

3）检查：分别在水准点和刚才测设的线条处立标尺，用水准测量法观测两者之间的高差，与设计高差（$H_P - H_0$）相比，误差应≤ ±5mm。此外，用钢尺量取两个测设高程点的间距，与两点的设计高程之差相比，误差应≤ ±3mm。

检查结果记录在附表 13 “测设已知高程计算与检核记录表”。

六、实训能力评价

1）本次实训的难点一是角度与距离测设中的配合；二是高程测设中前视读数的计算。

2）能在精度满足要求的前提下完成角度、距离和高程的测设即为合格。

3）操作规范，组员之间配合默契，所用时间越少成绩越好，首次实训时间为 2 学时。

七、注意事项

1）角度测设时，应尽量以长边为基准边，避免用短边测设长边方向。为了检核测设结果是否正确并提高测设精度，可分别用盘左和盘右进行角度测设，取其中点。

2）距离测设时应将钢尺拉平和拉直，并注意尺头的起点位置。

3）高程测设时采用视线高法计算，可提高计算效率。

第二部分　建筑工程测量综合实训

一、实训目的与内容

建筑工程测量综合实训是学生在第一阶段学习（课堂教学与课间单项测量实训）之后的延续和提高，是教学的重要组成部分。本阶段进行集中的测量综合实训，模拟完成典型实际测量项目的有关工作，目的是培养学生通过自主学习，进一步巩固第一阶段所学的基本理论知识，加强基本操作技能的训练，提高独立思考和分析解决实际问题的能力。建筑工程测量综合实训分组进行，每个小组3～5人，各小组的每个成员应互相配合，轮流操作，共同完成实训任务。实训内容及时间安排见表2-1。

表2-1　综合测量实训的内容及组织安排表

工作项目	工作子项目	工作任务	时间
一个场区内的建筑工程测量	接受任务并做测量前的准备工作	准备仪器、熟悉资料与要求、熟悉场地、制定方案	0.5d
	控制测量	踏勘选点、水准测量、导线测量（水平角观测、水平距离观测和坐标计算）	3.5d
	地形图测绘	绘制坐标格网和展绘控制点、经纬仪碎部测量和全站仪数据采集、地形图绘制	3d
	建筑施工测量	在图上布置设计好的建筑物并求出其定位坐标、在控制点上按极坐标法测设建筑物的平面位置、进行细部轴线放样和高程测设、激光铅垂仪轴线投测、道路圆曲线测设	2d
	操作考核及总结		1d
合计			10d（两周）

实训的具体内容、时间安排和使用的仪器设备，各院校和专业可根据自己的情况和要求进行调整，所需的记录计算表格见本书附表。

二、实训任务

测量任务包含测量前准备工作、控制测量、地形图测绘和建筑施工测量几个子项目，每个子项目又包含若干个具体的工作任务。

1. 接受任务并做测量前的准备工作

做好测量前准备工作，熟悉有关资料及要求，制定测量方案。

2. 控制测量

根据测区现场实际情况选定图根控制点，分别开展水准测量、水平角观测、水平距离观测和坐标计算等控制测量工作。要求：

1）用水准仪进行水准路线测量，其闭合差容许值不大于 $\pm 12\sqrt{n}$mm（其中 n 为测站数）。

2）用经纬仪按测回法观测导线的每个转折角（内角）和连接角，角度闭合差不大于 $\pm 60\sqrt{n}''$（其中 n 为测站数）。

3）用全站仪或钢尺测量每条导线边的水平距离，总线路相对误差不大于1/3000。

4）利用上述观测结果，计算各导线点的角度闭合差及其改正数、坐标增量闭合差及其改正数、各点的坐标及其高程。

3. 地形图测绘

在完成控制测量的基础上，用经纬仪测图法测绘场地地形图，比例尺为1:500，图幅大小为40cm×40cm，内容包括测区范围内的地物与地貌，练习用全站仪进行坐标测量和数据采集。

4. 建筑施工测量

在测绘好的地形图上布置设计好的建筑物，并求出其定位点的设计坐标，在控制点上分别用经纬仪和全站仪按极坐标法测设建筑物的平面位置，其四大角点的角度误差均应小于60″，边长相对误差应小于1/2000。此外进行细部轴线放样和高程测设、激光铅垂仪轴线投测，以及道路圆曲线测设。

三、实训仪器与工具

1. 从仪器室借领的仪器工具

每个小组从仪器室借领 DS_3 微倾式水准仪一台、水准标尺两把、尺垫两个、J_6 经纬仪一台、测钎或花杆两根、全站仪一台、棱镜支架及棱镜各两个、对讲机两个、30m 或 50m 钢卷尺一把、2m 小钢尺一把、测伞一把、量角器一个、小平板及脚架一副。

2. 自备文具

每个小组自行准备 A2 图纸一张、丁字尺一把、小针若干、木桩和钢钉若干、油性笔一支、记录板一个、实习报告与记录一本、计算器一个。

四、实训步骤与方法

（一）接受任务并进行测量前的准备工作

本阶段进行一个场区内建筑工程项目的综合测量实训，实训分组进行。在测量之前，每个小组都要准备好测量仪器和工具，做好人员分工，熟悉有关资料和要求，熟悉场地，制定切实可行的测量方案。

（二）控制测量

1. 踏勘选点

根据测图的需要和测区的具体情况，现场选定导线控制点。控制点应选在视野开阔、安全、易保存、人流较少的地方，相邻点之间要通视。若所选的点位于松软地面上，需打上木桩和铁钉，若在坚实地面上可用油性笔画上标志和编号。

所选控制点应构成一条闭合路线，其中包括一个由指导教师指定的已知点，该已知点作为导线起始点，其坐标（x、y）、方位角（α）和高程（H）由指导教师给定。

2. 水准测量和高程计算

1）在起始点上立一把水准标尺（后尺），在前进方向的下一个点上立另一把水准标尺（前尺），在离两把标尺距离基本相等的地方安置水准仪，粗略整平，分别瞄准后尺和前尺，精确整平，读数并记录在附表2“水准测量记录计算手簿”中。

2）马上计算该测站两点间的高差。确认无误后，将后尺迁到再下一个点作为前尺，而前尺不动作为后尺，仪器搬到两尺中间位置，进行第二站观测。以同样方法依次进行各站观测，直到最后回到起始点。

3）观测完成后，各站高差的计算也同时完成，此时要进行计算检核，即：后视读数总和 - 前视读数总和 = 高差总和。计算闭合差及限差，各测站观测高差之和（即高程闭合差）不得大于 $\pm 12\sqrt{n}$（mm）。超限者返工重测，重测应在分析原因后从最易出错地方测起，每重测一站便计算一次闭合差，若不超限即可停止重测。

4）利用高差数据进行闭合差的分配（按测站数平均分配），计算改正后高差，最后计算出各控制点的高程。

3. 导线测量和坐标计算

（1）水平角观测　用经纬仪按测回法观测导线的每个转折角（内角），每个水平角观测一个测回。在选定的导线控制点上安置经纬仪，在其相邻的导线上插上测钎或花杆，按以下方法观测（以图2-1的点2为例）：

在2号点上安置经纬仪，对中整平。盘左瞄准1号点，打开水平度盘手轮护盖，拨动，使水平度盘读数为0°0X′XX″（最好不是为0，比0稍大一点）。盖好护盖，读水平度盘读数并记录在附表5“水平角观测手簿”。再瞄准3号点，读水平度盘读数并记录下来。然后盘右分别瞄准3号点和1号点，读数并记录。

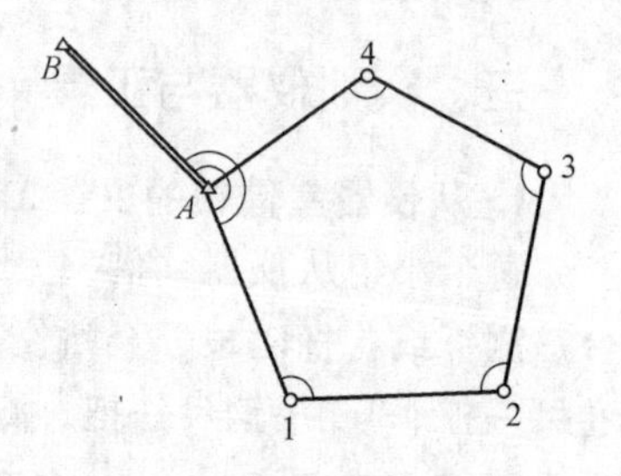

图2-1　闭合导线布设示意图

上述过程为一测回。分别计算盘左和盘右的半测回角值，差值应小于 ±40″，超限就重测，直到满足精度要求，方可进行下一站的观测。全部转折角之和与理论值之差（角度闭合差）不大于 $\pm 60\sqrt{n}''$（n 为点数）。

除了观测转折角之外，还需在始点上观测已知方位边与第一条导线边之间的“连接角”，例如图2-1中的∠BA1为连接角，观测方法与转折角观测相同。

（2）水平距离观测　用钢尺丈量每条导线边的水平距离，分段定线可用经纬仪定线法或目估定线法，每条边的量距均要往返测量，往返测量的相对误差应小于1/2000。钢尺量距的测段长度记录在附表8“距离测量记录表”中，并完成相应的计算，得到各边的平均长度。

导线边的水平距离也可用全站仪测量，由于全站仪精度很高，每条边只需要观测一次，因此可隔点设站观测，例如，在2号点观测2-1边和2-3边，搬站到4号点观测4-3边和4-A边，如此类推。每个测站的具体操作步骤如下：

1）在测站上安置全站仪，对中整平，在所测导线边的另一端立棱镜。

2）开机，输入棱镜常数和当时的大致温度，气压用默认或输入1000hPa。

3）照准棱镜，按测距键，显示并记录平距。

全站仪测距的结果直接记录在附表8“距离测量记录表”中的“平均长度”栏。

（3）导线坐标计算

1）绘制导线草图，将已知数据、观测角和边长标在图上相应的位置。

2）在导线计算表中填写已知数据、观测角和观测边长。

3）计算角度闭合差及其容许误差，容许误差按 $\pm 60\sqrt{n}''$（n 为点数）计算。若角度闭合差超限，分析原因后重测有关转折角；若合格，将角度闭合差反号后平均分配到各角上。

4）方位角推算，先根据高级边的已知坐标方位角和连接角的观测值，求取闭合导线第一条边的方位角，然后根据第一条边的方位角和各个改正后转折角，按方位角推算公式，依次计算各边坐标方位角，注意“左＋右－”。

5）坐标增量计算，根据各边坐标方位角和实测边长，按坐标正算公式计算相应边的坐标增量。

6）坐标闭合差及容许误差计算，容许误差为1/2000，若坐标闭合差超限，分析原因后重测有关边长；若合格，将坐标闭合差反符号后按边长比例分配到各边上。

7）坐标推算，逐点计算各导线点的坐标。

（三）地形图测绘

1. 绘制坐标格网和展绘控制点

根据40cm×40cm的图幅大小准备一张绘图白纸（A2以上），用“对角线法”绘制坐标方格网，格网间隔为10cm。检查合格后，在各格网线上标好坐标值。其中格网线西南角的坐标应位于测区的西南角，使测绘范围落在图幅里面。西南角的坐标可由指导教师指定。

根据坐标格网和导线点的平面坐标，将各导线点展绘到图纸上，检查无误后标上导线点的编号和高程。

2. 经纬仪测图

1）将经纬仪安置在一个图根控制点上，对中整平，量仪器高。

2）盘左瞄准附近的另一个图根控制点，把水平度盘读数调到0°00′00″；绘图员用直尺在图纸上画这两个图根控制点的连线，并把量角器钉在测站点上。以另一图根控制点进行检核，其检核方向线的偏差不应大于图上0.3mm。

3）在需要测绘的地物或地貌的特征点上立标尺，用经纬仪瞄准标尺，调竖盘指标水准管居中，依下列顺序读数：中丝读数、上丝读数、下丝读数、竖盘读数、水平度盘读数。将这些读数记录在附表11“经纬仪测图记录手簿”中。

4）记录员按视距测量公式计算测站至测点的水平距离和高程。

5）绘图员在图纸上转动量角器，使量角器在后视方向线上的读数为刚才所测的水平度盘读数，在量角器的边沿线上根据距离（按测图比例尺缩小后）在图上描点，此点即为所测特征点在图上的位置。然后在点旁边标上该点的高程。

6）重复上述工作，测出在该测站上能看到的所有地物和地貌的特征点，并及时连线绘图。要求观测的地物有：建筑物、道路、运动场地、园林景点、台阶、陡坎、挡土墙、电线杆、路灯、树木等，建筑物的层数、结构、阳台、外廊、天井要表示出来。

7）地形图整饰。按规定的图式（包括符号和文字注记）对图面内容进行整理修饰，使地形图完整、准确、清晰、美观，要求线条光滑，细而实在。图上的文字标注一般为3.0mm高，内图廓外12mm再加一个外图廓（线粗约0.5mm）。

3. 全站仪坐标数据采集

1）在一个导线点上安置全站仪，对中整平，量仪器高；在另一个导线点上立棱镜，量棱镜高。

2）开机，按坐标快捷键或从菜单进入坐标测量状态，设置当时的温度和气压。

3）在全站仪上设置测站坐标、高程、仪器高和棱镜高。

4）设置后视点坐标和进行后视定向，测量后视点和另一个导线点的坐标和高程进行检核。

5）选择数据采集文件，用来保存采集的坐标和高程数据。

6）依次在待测点上立反光镜，对待测点进行测量，并存储坐标和高程数据；坐标和高程结果同时显示在屏幕上，可将其记录在附表 10“全站仪坐标测量记录表”上。采集数据时，绘出所测地形的草图，草图上的点号应与存储或记录数据的点号一致。

7）用数据线连接全站仪与计算机，将数据上传到计算机，用专业绘图软件，例如南方 CASS 成图软件绘制地形图。如学生还没有 CAD 基础，可根据记录附表 10 的测点坐标数据，将测点手工标绘到图纸上，然后在图纸上对照草图连线和绘图。

（四）建筑施工测量

1. 经纬仪极坐标法测设建筑物

（1）在图上摆放已设计好的建筑物并量测其定位坐标　将设计好的建筑物绘到完成的地形图上，在图上求取建筑物各角点的坐标。为方便起见，可将建筑物设计为矩形，按正南北朝向布置，先量取 A 点（图 2-2）至邻近方格点的图上距离，根据如下公式计算 A 点坐标：

$$\begin{cases} x_A = x_d + M \cdot d_x \\ y_A = y_d + M \cdot d_y \end{cases}$$

式中　M 为比例尺分母，x_d 和 y_d 为邻近方格点的坐标，d_x 和 d_y 为 A 点到邻近格网线的图上距离。该矩形的其他三个点 B、C、D 的设计坐标可由 A 点坐标和矩形的长宽计算得到。

例如，如图 2-2 所示，建筑物的长为 a，宽度为 b，则有：

$$\begin{cases} x_B = x_A \\ y_B = y_A + a \end{cases} \quad \begin{cases} x_C = x_A + b \\ y_C = y_A + a \end{cases} \quad \begin{cases} x_D = x_A + b \\ y_D = y_A \end{cases}$$

（2）计算测设数据和进行现场测设　根据平面控制点坐标和建筑物四大角的设计坐标，计算按极坐标法放样所需的坐标方位角（也可进一步计算水平夹角）和边长，用经纬仪和钢尺在现场放出建筑物的四个大角点，并用经纬仪检测四大角，用钢尺检测四条边长。

如图 2-2 所示，MN 为小组的导线控制点，其坐标已测量和计算得知，$ABCD$ 为待定位建筑物的四个大角的主轴线交点，其坐标已由设计得知，具体测设过程如下：

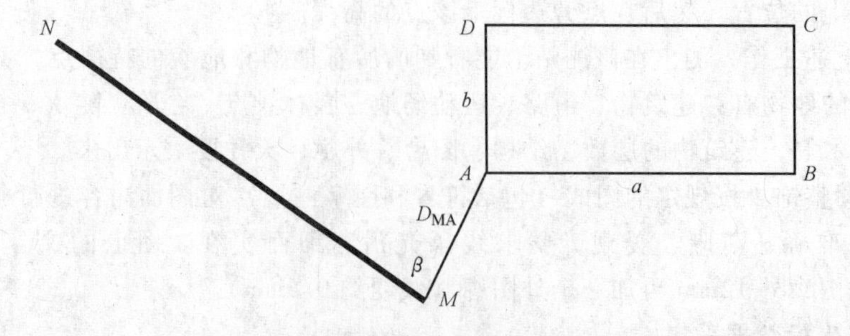

图 2-2　极坐标法测设建筑物示意图

① 计算测设数据。用坐标反算公式，计算 M 至 N 的坐标方位角 α_{MN} 以及 M 至各轴线交点的坐标方位角 α_{MA}、α_{MB}、α_{MC} 和 α_{MD}。

用坐标反算公式，计算 M 至各轴线交点的水平距离 D_{MA}、D_{MB}、D_{MC} 和 D_{MD}。

② 现场测设。在 M 点安置经纬仪，照准 N 点，将水平度盘读数配置到 α_{MN}，旋转照准部，当水平度盘读数为 α_{MA} 时，制动照准部，在此方向上用钢尺测设距离 D_{MA}，定点即得 A 点，同法放出 B、C、D 点。

(3) 检查角度和边长　用钢尺丈量 AB、BC、CD、DA 的边长，边长误差应小于 ±5mm；用经纬仪测量 A、B、C、D 的角度，其与 90°之差应小于 1′。

上述计算与检查的结果记录在附表 14“极坐标法测设建筑物的计算与检核表”。

2. 全站仪极坐标法测设建筑物

(1) 安置全站仪　图 2-2 中，在 M 点安置全站仪，对中整平，开机自检并初始化，输入当时的温度和气压，将测量模式切换到“放样”。

(2) 设置测站和定向　输入 M 点坐标作为测站坐标，后视照准另一个控制点 N，输入 N 点坐标作为后视点坐标，或者直接输入后视方向的方位角，进行定向。换到坐标测量模式，测量 N 点和其他导线点的坐标作为检核。

(3) 输入设计坐标和旋转到设计方向　将测量模式切换到“放样”，输入放样点 A 的 x、y 坐标，全站仪自动计算测站至该点的方位角和水平距离，按“角度”对应功能键，屏幕上即显示出当前视线方向与设计方向之间的水平夹角“dHR”，转动照准部，当该夹角接近 0°时，制动照准部，转动水平微动螺旋使夹角为 0°00′00″，此时视线方向即为设计方向。

(4) 测距和调整反光镜位置　指挥反光镜立于视线方向上，按“距离”对应功能键，全站仪即测量出测站至反光镜的水平距离，并计算出该距离与设计距离的差值“dH”，在屏幕上显示出来。一般差值为正表示反光镜距离偏远，应往测站方向移动；差值为负表示反光镜距离偏近，应往远离测站方向移动。观测员通过对讲机将距离偏差值通知持镜员，持镜员按此数据往近处或远处移动反光镜，并立于全站仪望远镜视线方向上，然后观测员按“距离”键重新观测。如此反复趋近，直至距离偏差值接近 0 时打桩。

(5) 精确定点　打桩时用望远镜检查是否在左右方向打偏，还可以立镜测距检查是否前后方向打偏，如有偏移及时调整。桩打好后，用全站仪在桩顶上精确放出 A 点，打小钉作标志。

在同一测站上继续测设 B、C、D 等其他放样点，方法是重复 (3) ~ (5) 步操作。最后，用量距和测角的方法检核所放的点是否正确。

3. 经纬仪直角坐标法定位测量

如图 2-3 所示，设 MN 为建筑基线，$ABCD$ 为待定位建筑物的四个大角的主轴线交点，设建筑物的长轴为 28.76m，短轴为 12.48m，AB 平行于 MN，M 点坐标为 (400，600)，A 点坐标为 (405，612)，在 MN 的实地位置由指导教师指定。

测设四个主轴线交点步骤：

1) 根据 A 点和 M 点坐标，计算 A 点至基线 MN 的垂距为 405 - 400 = 5m，M 点至 A 点垂足的距离为 612 - 600 = 12m。在 M 点安置经纬仪，照准 N 点，沿此视线测设水平距离 12m，定点得 1 点，继续测设 28.76m，定点得 2 点。

2) 在 1 点安置经纬仪，照准 N 点，逆时针测设 90°，测设水平距离 5m 得 A 点，继续测设 12. 48m，得 D 点。

3）在 2 点安置经纬仪，照准 M 点，顺时针测设 90°，测设水平距离 5m 得 B 点，继续测设 12. 48m，得 C 点。

4）分别在 A 点和 C 点安置经纬仪，检测水平角，与 90°之差应小于 1′；用尺丈量距离 AB、CD，边长误差应小于 ±5mm。

图 2-3　直角坐标法测设建筑物示意图

4. 建筑细部轴线放样

根据指定的一条建筑轴线，放出另外三条轴线，然后测设各次要轴线和轴线控制桩。设建筑物的长轴为 28. 80m，短轴为 12. 80m，四个大角的主轴线交点见图 2-4。A 点的实地位置及 AB 方向由指导教师指定。

① 测设另外三个主轴线交点。在 A 点安置经纬仪，照准 AB 方向，沿此视线测设水平距离 28. 80m，定点得 B 点。逆时针测设 90°，测设水平距离 12. 80m，得 D 点；在 B 点安置经纬仪，照准 A 点，顺时针测设 90°，测设水平距离 12. 80m，定点得 C 点。

在 C 点和 D 点安置经纬仪，检测水平角，与 90°之差应小于 1′；用尺丈量距离 CD，边长误差应小于 ±5mm。

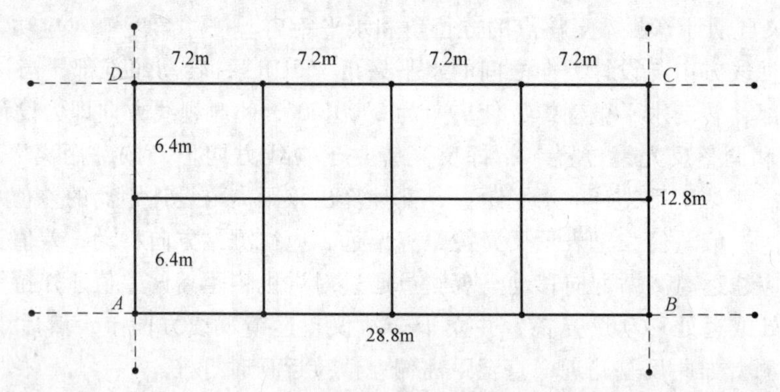

图 2-4　建筑细部轴线和引桩测设示意图

② 测设轴线控制桩。检定四大角合格后，将经纬仪安置在 A 点和 C 点，分别照准轴线的另一个端点，用正镜或倒镜法将轴线延长到开挖范围以外定点。倒镜法时，用盘左和盘右各做一次，定出两点后取其中点。

③ 测设各次要轴线交点。测设轴线控制桩后，用经纬仪定轴线方向，用钢尺量距，依次测设各次要轴线交点。

④ 撒出开挖边线（条形基础，开挖线宽度均为 0. 8m）。根据主轴线各次要轴线，两边各量出开挖宽度的一半（0. 4m），用白灰撒出边线。

5. 建筑高程测设

① 在测设的建筑物附近选定待测设高程的地物（如墙、柱、杆、桩等），以本组的导线点作为已知高程高程点，测设高程为建筑物的设计高程。

② 在与已知高程点和待测设高程点距离基本相等的地方安置水准仪，在水准点上立标尺，后视标尺，调长水准管气泡居中，读后视读数 a，计算仪器视线高程 $H_i = H_0 + a$。

③ 在待测设高程的地物侧面立标尺，前视该标尺，调长水准管气泡居中，上下慢慢移

动标尺，当前视读数为 $b = H_i - H_P$ 时，用铅笔沿标尺底部在地物上画一条线，该线对应的高程即为测设高程。

④ 分别在水准点和刚才测设的线条处立标尺，用水准测量法观测两者之间的高差，与设计高差（$H_P - H_0$）相比，误差应≤ ±5mm。

6. 激光垂准仪轴线投测

（1）对中整平　激光垂准仪的对中整平方法与经纬仪相同，但对中器不是光学的，而是激光的，将红色的激光电源开关打开后，再按一下绿色的“上下投点”转换按钮，便有红色的激光束通过对中器往下射到地面上，调节对中器物镜螺旋使激光束聚焦成一个清晰的亮点，对中时使其对准地面的标志点。

（2）照准激光靶　在施工楼层的预留孔洞上安放激光接收靶，按一下激光垂准仪上绿色的“上下投点”转换按钮，红色的激光束便通过投点物镜往上射到激光接收靶，调节物镜螺旋，使靶上的光斑成像清晰。

（3）定点和引测　转动照准部 180°再次定点，取两点的中点作为最后投点。用交叉细绳将该点引测到预留孔洞周围的地面上，取下激光接收靶，换上一块木板并固定在预留孔洞上，然后根据四周的引点，在木板上弹出交叉线，其交点即为所引测的轴线点。

7. 圆曲线测设

1）根据指导教师给定的圆曲线偏角、半径和交点桩号，计算切线长 T、曲线长 L 及外距 E，以及曲线主点的桩号。

2）根据两个交点的坐标，计算曲线主点的坐标和细部桩点的坐标。

① 计算直圆点（ZY）坐标。根据 JD_1 和 JD_2 的坐标（x_1，y_1）、（x_2，y_2），用坐标反算公式计算第一条切线的方位角 α_{2-1} 和 ZY 点坐标（x_{ZY}，y_{ZY}）。

$$\alpha_{2-1} = \arctan\frac{y_1 - y_2}{x_1 - x_2}$$

$$x_{ZY} = x_2 + T\cos\alpha_{2-1}$$

$$y_{ZY} = y_2 + T\sin\alpha_{2-1}$$

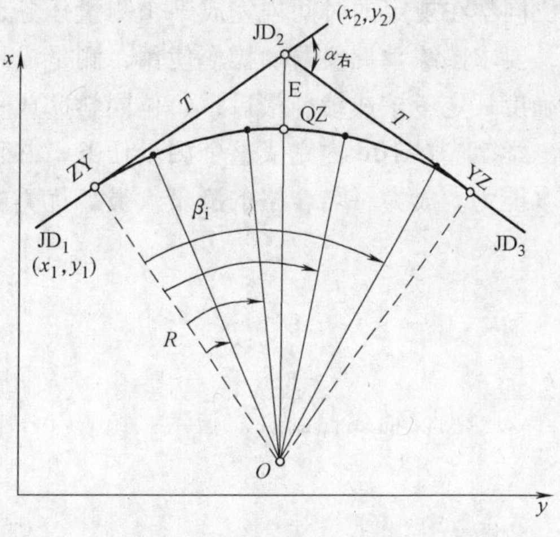

图 2-5　圆曲线测设示意图

② 计算圆心坐标。因 ZY 点至圆心方向与切线方向垂直，其方位角为 α_{2-1} 为

$$\alpha_{ZY-O} = \alpha_{2-1}90°$$

则圆心坐标（x_o，y_o）为

$$x_o = x_{ZY} + R\cos\alpha_{ZY-O}$$

$$y_o = y_{ZY} + R\sin\alpha_{ZY-O}$$

③ 计算圆心至各细部点（和主点）的方位角。设曲线上某细部点的里程桩号为 K_i，ZY 点的里程为 K_{ZY}，则 ZY 点至曲线上某细部里程桩点的弧长为 l_i 为

$$l_i = K_i - K_{ZY}$$

其所对应的圆心角 β_i 按下式计算得到

$$\beta_i = \frac{l_i}{R} \cdot \frac{180}{\pi}$$

则圆心至各细部点的方位角 α_i 为

$$\alpha_i = (\alpha_{ZY-O} + 180°) + \beta_i$$

④ 计算各细部点（和主点）的坐标。根据圆心至细部点的方位角和半径，可计算细部点坐标

$$x_i = x_o + R\cos\alpha_i$$

$$y_i = y_o + R\sin\alpha_i$$

3）用全站仪按极坐标法测设线路主点和细部中桩。圆曲线有关测设数据的计算可记录在附表 15“圆曲线测设数据计算表”中。

五、实训能力评价

本综合实训需要 3 人以上合作完成，是团队合作的成果，要注意每人轮流操作仪器、立尺、记录计算，使各项能力得到提高。实训的难点是各种仪器的对中、整平、读数和内业计算。需要正确操作仪器，正确读数，正确立尺、立镜，会计算高差、高程、平距、坐标正反算和导线计算等；会展点绘图，掌握地物地貌特征点的选择与取舍，测量成果符合精度要求。

为了更好地检查学生操作能力的水平，在本次实训结束前进行一次测量技能操作考核，每位同学在规定的时间内完成某个测量任务，例如水准测量、水平角观测或全站仪坐标测量等，要求熟练掌握仪器的操作使用，测量成果在规定误差范围内。根据完成的速度和成果的精确度评定考核成绩。最后，每位同学完成一份综合测量实训总结。

学生应在 10d 内完成整个测量任务，并且测量成果合格，即可认为具备建筑工程测量的基本能力，成为一名合格的测量人员。优秀的测量人员一般在 5d 内即可完成上述工作。

第三部分　中级测量放线工职业技能岗位资料

中级测量放线工培训的目的，是按照住房和城乡建设部“中级测量放线工职业技能岗位标准”的要求，加强建筑工程测量知识与技能的学习，进一步掌握现代测量方法，满足较复杂建筑工程对测量能力的要求，并使学生通过由建设职业技能鉴定机构组织的“中级测量放线工”理论考核和操作考核，获得“中级测量放线工”岗位证书。

培训内容分两个方面，一是测量知识学习，二是操作技能实训，分别与“中级测量放线工”的理论考核和操作考核对应。本实训教材的第一部分和第二部分，基本涵盖了中级测量放线工操作技能考核的内容；本实训教材的配套教材《建筑工程测量》则基本涵盖了中级测量放线工理论考核的专业知识。两者结合可作为中级测量放线工培训的辅助资料。

为了使读者更好地了解中级测量放线工职业技能岗位的具体要求，这里列出我国住房和城乡建设部颁发的“中级测量放线工职业技能岗位标准”、“中级测量放线工职业技能鉴定规范”和“中级测量放线工职业技能鉴定试题范例及其解答”。各地建设技能鉴定部门的具体要求和考核内容会有所不同，本教材的资料仅供学习参考。

一、中级测量放线工职业技能岗位标准

1. 知识要求（应知）

1）制图的基本知识，看懂并审校较复杂的施工总平面图和有关测量放线施工图的关系及尺寸，大比例尺工程地形图的判读及应用。

2）测量内业计算的数学知识和函数型计算器的使用知识，对平面为多边形、圆弧形的复杂建（构）筑物四廓尺寸交圈进行校算，对平、立、剖面有关尺寸进行核对。

3）熟悉一般建筑结构、装修施工的程序、特点及对测量、放线工作的要求。

4）场地建筑坐标系与测量坐标系的换算、导线闭合差的计算及调整、直角坐标及极坐标的换算、角度交会法与距离交会法定位的计算。

5）钢尺测量、测设水平距离中的尺长、温度、拉力、垂曲和倾斜的改正计算，视距测法和计算。

6）普通水准仪的基本构造、轴线关系、检校原理和步骤。

7）水平角与垂直角的测量原理，普通经纬仪的基本构造、轴线关系、检校原理和步骤，测角、设角和记录。

8）光电测距和激光仪器在建筑施工测量中的一般应用。

9）测量误差的来源、分类及性质，施工测量的各种限差，施测中对量距、水准、测角的精度要求，以及产生误差的主要原因和消减方法。

10）根据整体工程施工方案，布设场地平面控制网和高程控制网。

11）沉降观测的基本知识和竣工平面图的测绘。

12）一般工程施工测量放线方案编制知识。

13）班组管理知识。

2. 操作要求（应会）

1）熟练掌握普通水准仪和经纬仪的操作、检校。

2）根据施工需要进行水准点的引测、抄平和皮数杆的绘制，平整场地的施测、土方计算。

3）经纬仪在两点间投测方向点、直角坐标法、极坐标法和交会法测量或测设点位，以及圆曲线的计算与测设。

4）根据场地地形图或控制点进行场地布置和地下拆迁物的测定。

5）核算红线桩坐标与其边长、夹角是否对应，并实地进行校测。

6）根据红线桩或测量控制点，测设一般工程场地控制网或建筑主轴线。

7）根据红线桩、场地平面控制网、建筑主轴线或按地物关系进行建筑物定位、放线，以及从基础至各施工层上的弹线。

8）民用建筑与工业建筑预制构件的吊装测量，多层建筑、高层建筑（构）物的竖向控制及标高传递。

9）场地内部道路与各种地下、架空管道的定线，纵断面测量和施工中的标高、坡度测设。

10）根据场地控制网或重新布测图根导线，实测竣工平面图。

11）用普通水准仪进行沉降观测。

12）制定一般工程施工测量放线方案，并组织实测。

二、中级测量放线工职业技能鉴定规范

（一）说明

1. 鉴定要求

1）鉴定试题符合本职业岗位鉴定规范内容。

2）职业技能鉴定分为理论考试和实际操作考核两部分。

3）理论部分试题分为：是非题、选择题、计算题和简答题。

4）考试时间：原则上理论考试时间为2h，实际操作考核为4～6h。两项考试均实行百分制，两项考试成绩均达到60分以上为技能鉴定合格。

2. 申报条件

1）申请参加初级工岗位鉴定的人员必须具有初中毕业以上文化程度，且从事本岗位工作两年以上。

2）申请参加中级工岗位鉴定的人员必须具有初级岗位证书，且在初级岗位上工作三年以上。

3）申请参加高级工岗位鉴定的人员必须具有中级岗位证书，且在中级岗位上工作三年以上。

3. 考评员构成及要求

1）具有助理级技术职称或本职业中级工以上者。

2）掌握本职业技能鉴定规范的内容。

3）理论部分考评员原则上按每15名考生配备一名考评员，即15:1。操作部分考评员原则上按每5名考生配一名，即5:1。

4. 工具、设备要求

（1）常用测量仪器　水准仪（S_3、S_1）、经纬仪（J_6、J_2）、激光经纬仪、铅直仪、光电测距仪、全站仪。

（2）常用测量放线工具　水准尺、钢尺、尺垫、拉力计、温度计、线坠、小线、墨斗、斧锤、木桩等。

（二）岗位鉴定规范

1. 道德鉴定规范

1）本标准适用于从事土木工程施工的所有初级工、中级工、高级工的道德鉴定。

2）道德鉴定是在企业广泛开展道德教育的基础上，采取笔试或用人单位按实际表现鉴定的形式进行。

3）道德鉴定的内容主要包括：遵守宪法、法律、法规、国家的各项政策和各项技术安全操作规程及本单位的规章制度，树立良好的职业道德和敬业精神以及刻苦钻研技术的精神。

4）道德鉴定由企业负责，考核结果分为优、良、合格、不合格。对笔试考核的，60分以下的为不合格，60～79分为合格，80～89分为良，90分以上为优。

2. 业绩鉴定规范

1）本标准适用于从事土木工程施工的所有初级工、中级工、高级工的业绩鉴定。

2）业绩鉴定是在加强企业日常管理和工作考核的基础上，针对所完成的工作任务，采取定量为主、定性为辅的形式进行。

3）业绩鉴定的内容主要包括：完成生产任务的数量和质量，解决生产工作中技术业务问题的成果，传授技术、经验的成绩以及安全生产的情况。

4）业绩鉴定由企业负责，考核结果分为优、良、合格、不合格。对定量考核的，60分以下的为不合格，60～79分为合格，80～89分为良，90分以上为优。

3. 技能鉴定规范的内容

（1）基本知识方面（表3-1）

表 3-1

项目	鉴定范围	鉴定内容	鉴定比重	备注
知识要求			100%	
基本知识 25%	1. 识图审图 14%	（1）地形图的阅读与应用	2%	熟悉
		（2）对总平面图中，拟建建筑物的平面位置与高程的审核	3%	掌握
		（3）定位轴线的审核	3%	掌握
		（4）建筑平面图、基础图、立面图与剖面图相互关系的审核	4%	熟悉
		（5）标准图的应用	2%	熟悉
	2. 工程构造 5%	（1）日照间距与防火间距	1%	了解
		（2）定位轴线、变形缝与楼梯	4%	了解
	3. 应用数学 6%	（1）平面几何、三角函数计算	3%	掌握
		（2）函数型计算器的使用（包括统计）	3%	掌握

（续）

项目	鉴定范围	鉴定内容	鉴定比重	备注
专业知识 60%	1. 误差概念 5%	（1）中误差、边角精度匹配与点位误差	2%	熟悉
		（2）误差、错误及限差的处理	3%	熟悉
	2. 测量坐标与建筑坐标 4%	（1）两种坐标系的特点	1%	熟悉
		（2）两种坐标系关系的换算	3%	熟悉
	3. ISO 9000 体系 3%	（1）ISO 9000：2000 质量管理体系	1%	了解
		（2）ISO 9000 体系对施工测量管理的基本要求	2%	了解
	4.《建筑工程施工测量规程》5%	（1）测量放线与验线工作的基本准则	3%	熟悉
		（2）记录、计算的基本要求	2%	熟悉
	5. 水准测量 6%	（1）自动安平水准仪的原理、特点与操作	2%	了解
		（2）水准测量成果校核与调整	2%	熟悉
		（3）S_3 水准仪的检校	2%	熟悉
	6. 角度测量 11%	（1）电子经纬仪的原理、特点与操作	2%	了解
		（2）全圆测回法测水平角	2%	了解
		（3）垂直角测法与三角高程测量	2%	熟悉
		（4）测设直线	2%	熟悉
		（5）经纬仪的检校	3%	熟悉
	7. 光电测距与全站仪 5%	（1）光电测距仪的操作与保养	2%	熟悉
		（2）三角高程测量	1%	了解
		（3）全站仪的构造与操作	2%	熟悉
	8. 垂准仪 2%	（1）激光经纬仪	1%	熟悉
		（2）光学与激光垂准仪	1%	熟悉
	9. 测设工作 4%	（1）点位测设的 4 种方法	2%	熟悉
		（2）圆曲线测设	2%	熟悉
	10. 施工测量前的准备工作 6%	（1）施工测量方案的制定	2%	熟悉
		（2）校核图样	2%	熟悉
		（3）校核红线桩	1%	熟悉
		（4）场地平整	1%	了解
	11. 施工测量 9%	（1）一般场地控制测量	2%	熟悉
		（2）建筑物定位放线	3%	掌握
		（3）竖向控制	2%	熟悉
		（4）沉降观测	1%	了解
		（5）竣工测量	1%	了解
相关知识 15%	1. 安全生产 3%	（1）施工现场中的安全生产	1.5%	了解
		（2）测量人员现场作业时，应采取的人身安全措施	1.5%	掌握
	2. 仪器安全与保养 3%	（1）光电测距仪与全站仪的保养要点	1.5%	掌握
		（2）现场作业中对仪器安全的措施	1.5%	掌握
	3. 班组管理 9%	（1）班组管理工作	6%	熟悉
		（2）班组长的职责	3%	熟悉

（2）操作技能方面（表 3-2）

表 3-2

项目	鉴定范围	鉴定内容	鉴定比重	备注
操作要求			100%	
操作技能 70%	1. 水准测量 15%	（1）实测 600m 长的附合路线水准测量，闭合后做成果调整	10%	掌握
		（2）实测 200m（20m 桩）路线纵断面测量	5%	熟悉
	2. 角度测量 13%	（1）测回法测设水平角	3%	掌握
		（2）全圆测回法测水平角	2%	熟悉
		（3）测垂直角与前方交会法间接测塔高	5%	熟悉
		（4）在两点间测设直线上的点	3%	熟悉
	3. 经纬仪、钢尺闭合导线测量与红线桩校测 12%	（1）导线外业	2%	熟悉
		（2）导线计算	5%	熟悉
		（3）红线桩校测	5%	熟悉
	4. 光电测距与全站仪 7%	（1）水平视线测距	1%	掌握
		（2）倾斜视线测距	2%	掌握
		（3）全站仪基本操作	4%	熟悉
	5. 测设工作 5%	（1）点位测设的 4 种方法	2%	熟悉
		（2）圆曲线主点与辅点测设	3%	熟悉
	6. 建筑施工测量 18%	（1）一般场地控制测量	5%	熟悉
		（2）建筑物定位放线与基础放线	6%	掌握
		（3）竖向控制与标高传递	5%	熟悉
		（4）沉降观测	2%	了解
仪器检校 15%	1. 水准仪、经纬仪的检校 10%	（1）S_3 水准仪 i 角检校	4%	掌握
		（2）经纬仪 LL⊥VV、CC⊥HH、HH⊥VV 检校	6%	熟悉
	2. 光电测距仪与全站仪的保养 5%	（1）光电测距仪的保养	3%	熟悉
		（2）全站仪的保养	2%	了解
安全生产与文明施工 15%	1. 安全生产 6%	（1）安全施工的一般规定	3%	熟悉
		（2）安全作业的一般规定	3%	熟悉
	2. 防止事故的具体措施 6%	（1）防止机械伤人与触电措施	2%	熟悉
		（2）防止高处坠落与登高作业的具体安全措施	4%	熟悉
	3. 文明施工 3%	制定对文明施工的具体措施	3%	熟悉

（三）技能鉴定理论测试题范例（共100分）

1. 是非题（对的画“✓”、错的画“×”，每题1分。共20分）

1）施工测量放线人员应对总平面图的平面设计尺寸与设计高程进行严格的审核，发现尺寸或高程不交圈、不合理等错误，应自行改正，再去放线。（　）

2）定位轴线图的审核原则之一是：先审定基本依据数据（或起始数据），正确无误后，再校核推导数据。（　）

3）在地形图上，人眼直接在图上能分辨出的最小长度为0.2mm。因此，地形图上0.2mm所代表的实地水平距离叫比例尺精度。（　）

4）地形图上0.5mm所表示的实地水平距离叫测图精度。（　）

5）地形图上表示各种地物的符号叫地物符号，它分为①依比例尺绘制的符号，如房屋；②不依比例尺绘制的符号，如电线杆；③线形符号，如铁路；④注记符号4类。

（　）

6）地形图上用等高线表示地貌，相邻两条等高线间的高差叫平距。（　）

7）已知AB两点间的$\Delta x_{AB}=-167.608$m，$\Delta y_{AB}=47.713$m、则AB两点间距离$D_{AB}=174.267$m、方位角$\alpha_{AB}=-15°53'24''$。（　）

8）根据计量法实施细则规定，只要从正规商店中购买的有出厂合格证的经纬仪、水准仪和钢尺，都可以在施工现场合法使用。（　）

9）将微倾水准仪安置在A、B两点间的等远处，A尺读数$a_1=1.644$m，B尺读数$b_1=1.633$m，仪器移至A点近旁，尺读数分别为$a_2=1.533$m、$b_2=1.544$m，则LL∥CC。

（　）

10）自动安平水准仪设置了自动补偿器。当望远镜水平视线有微量倾斜时，补偿器能自动迅速地使视线水平。因此，在使用自动安平水准仪时，是否整平圆水准器无关紧要。

（　）

11）全站仪、电子经纬仪的竖盘指标是自动补偿的，测量垂直角时，只要安置好仪器并初始化后，照准观测目标，则竖盘读数窗即显示目标的竖盘读数。（　）

12）用经纬仪测水平角时，要用十字纵线对准目标；测垂直角时，要用十字横线对准目标。（　）

13）视距法测量距离的精度约在1/300左右，多用于地形测图，也可用于施工放线或验线。（　）

14）中误差是衡量观测值精度的标准之一，中误差绝对值大表示观测精度较好，中误差绝对值小表示观测精度较差。（　）

15）全站仪的主机是一种光、机、电、算、储存一体化的高科技全能测量仪器。直接测出水平角、垂直角及倾斜距离是全站仪的基本功能。（　）

16）常用的计算校核方法有5种：①总和校核，②复算校核，③几何条件校核，④变换算法校核，⑤概略估算校核。（　）

17）常用的测量校核方法有4种：①闭合校核，②复测校核，③几何条件校核，④概略估测校核。（　）

18）一般场地平整的原则是：①满足地面自然排水，②土方平衡，③工程量最小。

（　）

19）为了保证沉降观测的精度，观测中应采取三固定的做法，即①观测人固定，②记录人固定，③立尺人固定。（ ）

20）把好质量关、做到测量班组所交出的测量成果正确、精度合格，这是测量班组管理工作的核心。为此在作业中必须坚持测量、计算工作步步有校核的工作方法，才能保证测量成果的正确性。（ ）

2. 选择题（把正确答案的序号填在各题横线上，每题 1 分，共 20 分）

1）地面上两点连线、测站点至两观测目标点连线的夹角，在______上投影才能分别得到水平距离与水平角。

A. 水平面　　B. 水准面

C. 大地水准面　　D. 地球椭球面

2）水准测量计算校核公式 $\sum h=\sum a-\sum b$ 和 $\sum h=H_{终}-H_{始}$ 可分别校核______是否有误。

A. 水准点高程、水准尺读数　　B. 水准点位置、水准记录

C. 高程计算、高差计算　　D. 高差计算、高程计算

3）水准闭合差调整是对实测高差进行改正，具体改正方法是将高差闭合差按与测站数成______关系求得高差改正数。

A. 正比例并同号　　B. 反比例并反号

C. 正比例并反号　　D. 反比例并同号

4）自 BMA（$H_A=49.053$m）经 8 个站测至待定点 P，得 $h_{AP}=+1.021$m。再由 P 点经 9 站测至另一 BMD（$H_D=54.171$m），得 $h_{PD}=4.080$m。则平差后的 P 点高程为______。

A. 50.066m　　B. 50.082m

C. 50.084m　　D. 50.074m

5）一般水准测量中，在一个测站上均先测读后视读数、后测读前视读数，这样仪器下沉与转点下沉所产生的误差，将使测得的终点高程中存在______。

A. “+”号与“-”号抵消性误差　　B. “+”号累积性误差

C. “-”号与“+”号抵消性误差　　D. “-”号累积性误差

6）检验经纬仪照准部水准管垂直竖轴，当气泡居中后，平转 180°时，气泡若偏离，此时用拨针校正水准管校正螺钉，使气泡退回偏离值的______，以达到校正目的。

A. 1/4　　B. 1/2

C. 全部　　D. 2 倍

7）经纬仪观测中，取盘左、盘右平均值是为了消除______的误差影响。

A. 视准轴不垂直横轴　　B. 横轴不垂直竖轴

C. 度盘偏心　　D. A + B + C

8）用光学经纬仪顺时针观测水平角中，盘左后视方向 OA 的水平度盘读数 359°42′15″，前视方向 OB 的读数为 154°36′04″，则 $\angle AOB$ 前半测回值为______。

A. 154°36′04″　　B. -154°36′04″

C. 154°53′49″　　D. -154°53′49″

9）全圆测回法（方向观测法）观测中应顾及的限差有______。

A. 半测回归零差　　B. 同一方向值各测回互差

C. 2倍照准差（$2c$）　　D. A+B+C

10）视距测量时，经纬仪安置在高程62.381m的A点上，仪器高$i=1.401$m，下、中、上三丝读得立于B点的尺读数分别为1.020m、1.401m与1.783m，测得垂直角$\alpha=-3°12'10''$，则AB的水平距离D_{AB}与B点高程H_B分别为______。

A. 76.06m、58.125m　　B. 75.96m、66.637m

C. 76.08m、58.125m　　D. 76.08m、66.637m

11）北京光学仪器厂生产的DZQ22-HC型全站仪其测距标称精度为±（$3\text{mm}+2\times10^{-6}D$），使用该仪器测量1000m与100m距离，如不考虑其他因素影响，则产生的测距中误差分别为______。

A. 5mm、3.2mm　　B. ±5mm、±3.2mm

C. 23mm、5mm　　D. ±23mm、±5mm

12）三角高程测量中，高差计算公式$h=D\cdot\tan\alpha+i-v$，式中i与v分别是______。

A. 仪器高、十字中线读数　　B. 仪器高、视距段

C. 初算高差、十字中线读数　　D. 视距段、仪器高

13）测得两个边长D_1、D_2与两个角度$\angle A$、$\angle B$及其中误差为：$D_1=23.076\text{m}\pm12\text{mm}$、$D_2=115.386\text{m}\pm12\text{mm}$，$\angle A=23°07'06''\pm12''$，$\angle B=115°38'36''\pm12''$。据此进行精度比较，得______。

A. 两边等精度、两角等精度　　B. D_2精度高于D_1、两角等精度

C. D_2精度高于D_1、$\angle B$精度高于$\angle A$　　D. 两边等精度、$\angle B$精度高于$\angle A$

14）实测得五边形导线内角和$\sum\beta_{测}=539°59'25''$，则内角闭合差和每个角度的改正数分别为______。

A. 35″、7″　　B. −35″、+7″

C. −35″、−7″　　D. +35″、−7″

15）实测得闭合导线全长$\sum D=876.302$m，$\sum\triangle Y=0.033$m，$\sum\triangle X=-0.044$m，则导线闭合差f、导线精度k分别为______。

A. 0.077m、1/11300　　B. −0.011m、1/79600

C. 0.055m、1/16000　　D. 0.055m、1/15900

16）水准尺未立直，将使水准读数______。

A. 变小　　B. 变大

C. 不变　　D. 随机变

17）经纬仪安置在O点，后视200m边长的A点，以±20″的设角精度，测设90°00′00″，并在此方向上以1/10000精度测设80.000m定出B点，则B点的横向误差、纵向误差与点位误差分别为______。

A. 8mm、8mm、16mm　　B. ±8mm、±8mm、±11.3mm

C. 8mm、10mm、12.8mm　　D. ±10mm、±10mm、±14.1mm

18）已知BM7的高程为49.651m、P点的设计高程50.921m，当用水准仪读得BM7点的后视读数为1.561m、P点上读数为0.394m，则P点处填挖高度为______。

A. 挖0.103m　　B. 不填不挖

C. 填0.103m　　D. 填1.270m

19）极坐标法测设点位的适用条件是：______。

A. 矩形建筑物，且与定位依据平行或垂直

B. 距离长、地形复杂、不易量距

C. 各种形状的建筑物定位、放线均可

D. 场地平坦、易于量距，且距离小于一尺段长

20）住房和城乡建设部职工职业道德规范为：爱岗敬业、诚实守法、办事公道、服务群众、______。

A. 奉献人民　　B. 奉献社会

C. 建设祖国　　D. 奋发图强

3. 计算题（每题10分，共30分）

1）如图3-1所示为某工地红线桩 $ABCD$，其城市测量坐标见表3-3，A 在建筑坐标系中的坐标 $A = 500.000\text{m}$，$B = 2000.000\text{m}$，AB 方位角 $\alpha_{AB} = 0°00'00''$。在表中计算 BCD 在建筑坐标系中的坐标。

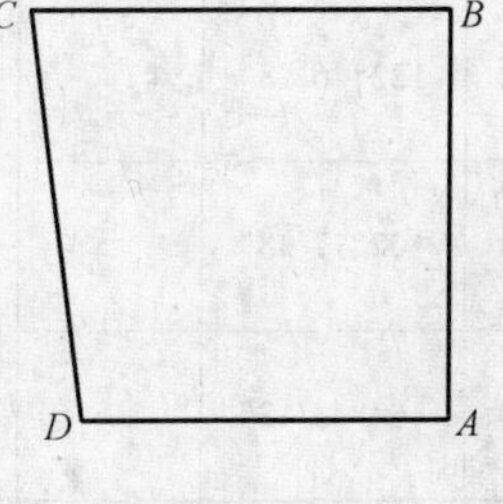

图 3-1

表3-3　城市测量坐标（x，y）和建筑坐标（A，B）的换算表

点号	城市测量坐标（x，y）		换算参数计算
	x	y	
A	(4615.726)	(6215.931)	建筑坐标系纵轴的坐标方位角：
B	(4832.494)	(6210.497)	
C	(4826.916)	(5989.567)	建筑坐标系原点 O' 的测量坐标：
D	(4610.285)	(5998.883)	

点号	建筑场地坐标（A，B）			
	($\Delta x_{o'i}$)	($\Delta y_{o'i}$)	A	B
A				
B				
C				
D				

2）如图3-2所示，已知JD的里程桩号为2＋996.647，$\alpha = 36°36'30''$，$R = 200.000\text{m}$，计算圆曲线要素及主点里程桩号，并做计算校核。

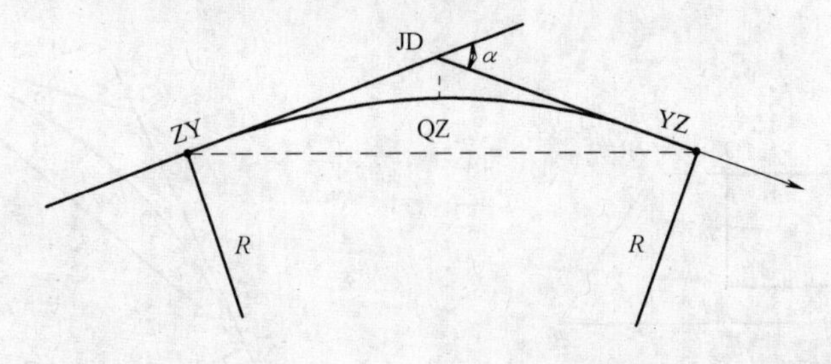

图 3-2

3）计算表3-4中闭合导线（$f_{\beta允} \leqslant \pm 24''\sqrt{n}$，$k_{允} \leqslant 1/5000$）。

表 3-4 闭合导线计算表

测站	左角 β		方位角	边长	纵坐标增量	纵坐标	横坐标增量	横坐标
	观测值	调整值	α	D	Δx	x	Δy	y
1	2	3	4	5	6	7	8	9
1						1000.000		5000.000
			38°37′12″	142.256				
2	122°46′18″							
				118.736				
3	102°17′48″							
				233.984				
4	104°44′12″							
				183.201				
5	88°11′24″							
				209.232				
1	123°59′52″							
2								
Σ				$\sum D =$	$f_x =$		$f_y =$	

闭合差和精度	
$f_{\beta测} = \sum\beta_{测} - \sum\beta_{理} =$	$f = \sqrt{f_x^2 + f_y^2} =$
$f_{\beta允} = \pm 24''\sqrt{n} =$	$k = \frac{1}{\sum D} =$

4. 简答题（每题5分，共30分）

1）全站仪的基本构造和施测要点是什么？

2）如图 3-3 所示，A、B、C 为红线桩，A 与 B、B 与 C 均互相通视且可测量，$\angle ABC = 60°$。$MNPQ$ 为拟建建筑物的外廓，定位条件为 $MN /\!/ BA$，Q'点正在 BC 线上，简述以 BA 为极轴的直角坐标法的定位步骤。

3）图 3-4 为圆曲线，$R = 60\text{m}$，$\alpha = 41°22'00''$，现欲在圆弧上设 4 个等分点①、②、③、④。在 ZY 点安置经纬仪用偏角法测设，请计算所需测设数据偏角和弦长，填入表 3-5，并说明如何测设。

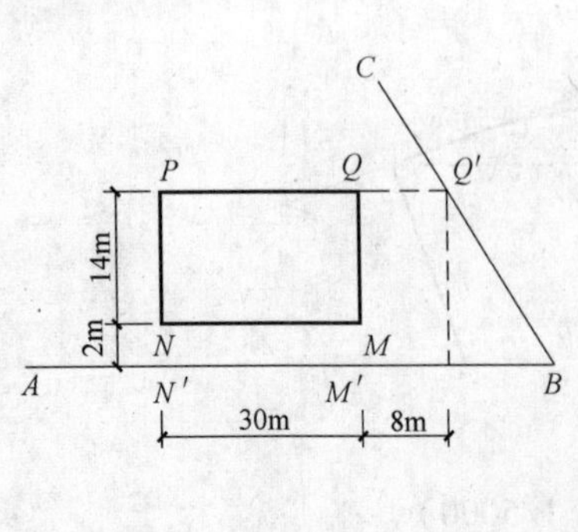

图 3-3

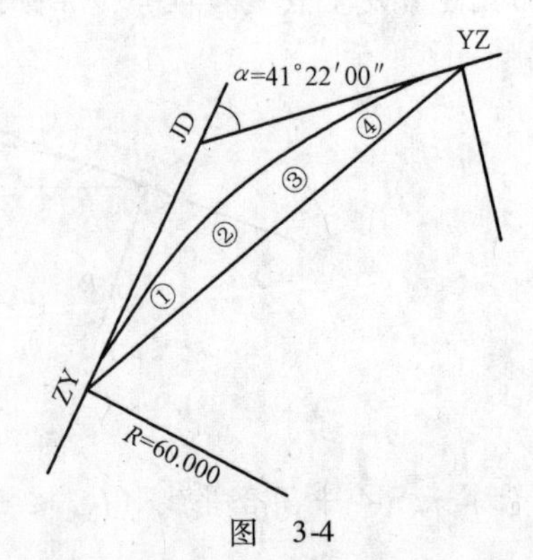

图 3-4

表 3-5　偏角法测设点位计算表

测站点	测设点	偏角 φ	弦长 d	间距 D
ZY	JD	(0°00′00″)	(后视)	
	①			
	②			
	③			
	④			
	YZ			

4）施工测量放线方案应包括哪些主要内容？

5）在建筑物定位中，在以下 3 种情况下，应如何选择定位条件。

①　当以城市测量控制点或场区控制网定位时，应选择________________。

②　当以建筑红线定位时，应选择________________。

③　当以原有建（构）筑物或道路中心线定位时，应选择________________。

6）在多层和高层建筑施工中，用经纬仪外控法投测轴线时，控制竖向有哪 3 种测法？施测中应特别注意哪 3 点？

(四) 技能鉴定实际操作测试题范例（共 100 分）

试卷：仪器操作与建筑工程放线、抄平

考核项目与评分标准

序号	考核项目	检查方法	允许偏差	评分标准	满分	测数	得分
1	检校 S_3 水准仪 i 角	等距离测高差 2 次	±3mm/80m	2 次测高差操作正确　3 分 2 次测高差之差小于 3mm　2 分 校正操作正确　5 分	10	2	
2	水准仪测 200m（20m 桩）纵断面、附合校核	闭合差校对	小于 ±10mm	每站高差与已知高差之差小于 ±6mm 4 分 闭合差小于 ±10mm 给 4 分 闭合差大于 ±10mm 扣 4 分 闭合差合格后，调整计算与中间点计算均正确给 4 分	12	1	
3	检验经纬仪 LL⊥VV CC⊥HH HH⊥VV	两次观测相比较	操作正确	LL⊥VV 检验　2 分 CC⊥HH 检验　2 分 HH⊥VV 检验　2 分	6	1	

（续）

序号	考核项目	检查方法	允许偏差	评分标准	满分	测数	得分
4	测回法测量水平角与测设水平角	测角与设角之值应相等	小于 ±30″	测回法前后半测回差小于 ±40″ 6分 测回法设角操作正确 6分	12	2	
5	测垂直角与前方交会法间接测塔高	两站所测高程相比较	小于 ±10mm	两站所测得塔尖高程之差小于 ±10mm 14分	14	2	
6	全站仪测距与高差	往返测	距离小于 ±10mm，高差小于 ±10mm	测距合格 3分 测高差合格 3分	6	2	
7	经纬仪钢尺测五边形闭合导线	闭合校核	$\pm 24''\sqrt{5}$ 1/5000	角度闭合差合格 6分 导线边长精度合格 6分	12	5	
8	测设圆曲线	几何条件校核	1/5000	测设主点合格 4分 测设辅点合格 4分	8	1	
9	建筑物定位放线与验线	实量边长与对角线	边长 ±5mm，对角线 ±7mm	用经纬仪、钢尺定位放线 12m×30m 建筑物合格 10分，用经纬仪、钢尺验线合格 10分	20	1	

附：中级测量放线工技能鉴定理论测试题范例参考答案

1. 是非题（对的画“✓”，错的画“×”，每题1分，共20分）

1）× 2）✓ 3）× 4）× 5）✓ 6）× 7）× 8）× 9）× 10）× 11）× 12）✓ 13）× 14）× 15）✓ 16）✓ 17）× 18）✓ 19）× 20）✓

2. 选择题（把正确答案的序号填在各题横线上，每题1分，共20分）

1）B 2）D 3）C 4）B 5）B 6）B 7）D 8）C 9）D 10）A 11）B 12）A 13）B 14）B 15）D 16）B 17）B 18）C 19）C 20）B

3. 计算题（每题10分，共30分）

1）解：

表 3-6 城市测量坐标（x，y）和建筑坐标（A，B）的换算表

点号	城市测量坐标（x，y）		换算参数计算
	x	y	
A	(4615.726)	(6215.931)	建筑坐标系纵轴的坐标方位角： $\alpha = 358°33'50''$ 建筑坐标系原点 O'的测量坐标： $x_{o'} = 4065.758$ $y_{o'} = 4229.090$
B	(4832.494)	(6210.497)	
C	(4826.916)	(5989.567)	
D	(4610.285)	(5998.883)	

点号	建筑场地坐标（A，B）			
	($\Delta x_{o'i}$)	($\Delta y_{o'i}$)	A	B
A	549.968	1986.841	500.000	2000.000
B	766.736	1981.407	716.837	2000.000
C	761.158	1760.477	716.797	1779.000
D	544.527	1769.793	467.011	1782.884

2）解：

曲线测设元素计算

切线长　$T=200\tan(36°36'30''/2)\,\mathrm{m}=66.160\mathrm{m}$

曲线长　$L=200\times36°36'30''\times\dfrac{\pi}{180}\,\mathrm{m}=127.787\mathrm{m}$

外距长　$E=200[\sec(36°36'30''/2)-1]\,\mathrm{m}=10.659\mathrm{m}$

切曲差　$D=(2\times66.160-127.787)\,\mathrm{m}=4.533\mathrm{m}$

主点里程计算

ZY 里程 $=(\mathrm{K2}+996.647-66.160)\,\mathrm{m}=(\mathrm{K2}+930.487)\,\mathrm{m}$

QZ 里程 $=(\mathrm{K2}+930.487+127.787/2)\,\mathrm{m}=(\mathrm{K2}+994.381)\,\mathrm{m}$

YZ 里程 $=(\mathrm{K2}+994.381+127.787/2)\,\mathrm{m}=(\mathrm{K3}+58.274)\,\mathrm{m}$

桩号检核计算：

JD 里程 $=(\mathrm{K3}+58.274-66.160+4.533)\,\mathrm{m}=(\mathrm{K2}+996.647)\,\mathrm{m}$

与交点原来里程相等，证明计算正确。

3）解：

表 3-7　闭合导线计算表

测站	左角 β		方位角 α	边长 D	纵坐标增量 Δx	纵坐标 x	横坐标增量 Δy	横坐标 y
	观测值	调整值						
1	2	3	4	5	6	7	8	9
1						1000.000		5000.000
			38°37′12″	142.256	+0.018 111.145		−0.005 88.789	
2	+5″ 122°46′18″	122°46′23″				1111.163		5088.784
			341°23′35″	118.736	+0.015 112.530		−0.004 −37.886	
3	+6″ 102°17′48″	102°17′54″				1223.708		5060.894
			263°41′29″	233.984	+0.030 −25.711		−0.008 −232.567	
4	+5″ 104°44′12″	104°44′17″				1198.027		4818.319
			188°25′46″	183.201	+0.024 −181.222		−0.007 −26.856	
5	+5″ 88°11′24″	88°11′29″				1016.829		4791.456
			94°37′15″	209.232	+0.027 −16.856		−0.008 208.552	
1	+5″ 123°59′52″	123°59′57″				1000.000		5000.000
			38°37′12″					
2								
$\sum$	539°59′34″	540°00′00″		$\sum D=887.409$	$f_x=-0.114$		$f_y=0.032$	
闭合差和精度	$f_{\beta测}=\sum\beta_{测}-\sum\beta_{理}=539°59'34''-540°00'00''=-26''$ $f_{\beta允}=\pm24''\sqrt{n}=\pm24''\sqrt{5}=\pm54''$ $f=\sqrt{f_x^2+f_y^2}=\sqrt{0.032^2+(-0.114)^2}=0.118$ $k=\dfrac{f}{\sum D}=\dfrac{0.118}{887.409}=\dfrac{1}{7500}$							

4. 简答题（每题 5 分，共 30 分）

1）答：

① 全站仪由测距、测角和数据处理三部分构成。其中测距部分由发射、接收与照准光轴系统的望远镜完成；测角部分由电子测角系统完成；数据处理部分的硬件和软件可完成各种测量控制、计算、数据储存和传输。

② 全站仪施测的要点是：使用前一定要认真阅读仪器使用说明书，以全面了解仪器的构造和用法；仪器与棱镜要配套；开机自检后，要输入棱镜常数、温度及气压等参数；正确选定测距单位、小数位数、测角单位及测角模式（右角）；仪器镜头不能对向强光源，视线上只能有一个棱镜；仪器安置后，一定要有专人看护，阳光下要打伞。

2）答：

① 计算：$BM' = 8\text{m} + (2+14)\ \text{m}/\tan 60° = 17.238\text{m}$

红线桩对角线长度 $= \sqrt{14^2 + 30^2}\text{m} = 33.106\text{m}$

② 测设：将经纬仪安置在 B 点，对中整平，后视 A 点，在 BA 方向上量 $BM' = 17.238\text{m}$ 和 $M'N' = 30\text{m}$，分别定出 M' 和 N' 点。将经纬仪分别安置在 M' 和 N' 点，分别后视 A 点和 B 点，转 90° 角后在其方向线上量 2m 和 14m，在地面定出 M、Q 和 N、P 点。

③ 检核：实量 $MQNP$ 的各边，两对边应相等并与设计值一致，两对角线应为 33.106m。

3）答：

① 计算：由于①、②、③、④是总弧长的五等分点，各等弧长所对应的弦切角为 $41°22'00''/10 = 4°08'12''$，各等弧长所对应的弦长为 $2 \times 60\text{m} \times \sin 4°08'12'' = 8.656\text{m}$。ZY 点至①、②、③、④、YZ 的偏角和弦长计算结果见下表：

表 3-8 偏角法点位测设表

测站点	测设点	偏角 φ	弦长 d	间距 D
ZY	JD	(0°00′00″)	(后视)	
	①	4°08′12″	8.656	8.656
	②	8°16′24″	17.267	8.656
	③	12°24′36″	25.789	8.656
	④	16°32′48″	34.176	8.656
	YZ	20°41′00″	42.384	8.656

② 测设：将经纬仪安置在 ZY 点上，对中整平，后视 JD 并调水平度盘读数为 0°00′00″，按表中所列的偏角测设角度，并按相应的弦长测设距离，打桩定点，即可得到①、②、③、④、YZ 点。用钢尺依次丈量两点之间的间距做检核。

4）答：

施工测量方案是全面指导施工测量工作的依据，应包括以下主要内容：

① 工程概况，主要针对有关测量方面的情况。

② 工程设计与施工对施工测量的基本要求。

③ 场地准备测量。

④ 测量起始依据的校测。

⑤ 场地控制网测设。

⑥ 建筑物定位放线与基础施工测量。

⑦　±0 标高以上施工测量。

⑧　特殊工程施工测量。

⑨　室内外装饰与安装测量。

⑩　变形观测与竣工测量。

⑪　验线工作。

⑫　施工测量工作的组织与管理。

5）答：

①　当以城市测量控制点或场区控制网定位时，应选择精度较高的点位和方向为依据。

②　当以建筑红线定位时，应选择沿主要街道的红线为依据。

③　当以原有建（构）筑物或道路中心线定位时，应选择外廓规整的永久性建（构）筑物为依据。

6）答：

①　在多层和高层建筑施工测量中，用经纬仪外控法控制竖向时的3种测法分别是：延长轴线法、平行借线法和正倒镜挑直法。

②　施测中应特别注意的3点：一是严格校正好仪器和严格整平照准部水准管；二是以首层轴线为准，直接向各施工层投测；三是取盘左、盘右的平均位置，以做校核并抵消视准轴不垂直于横轴及横轴不垂直于竖轴的误差。

附　　表

附表1　水准仪使用与测量练习记录表

日期：__________班别：__________组别：__________姓名：__________学号：__________

1. 请标出图中引线所指的水准仪部件名称

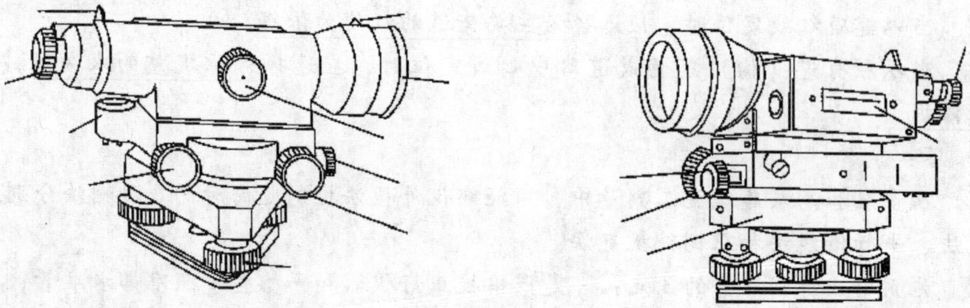

2. 请标出图中所示基座脚螺旋的旋转方向，使水准仪粗略整平

③　③

①　②　①　②

3. 请标出图中所示水准尺的中丝读数

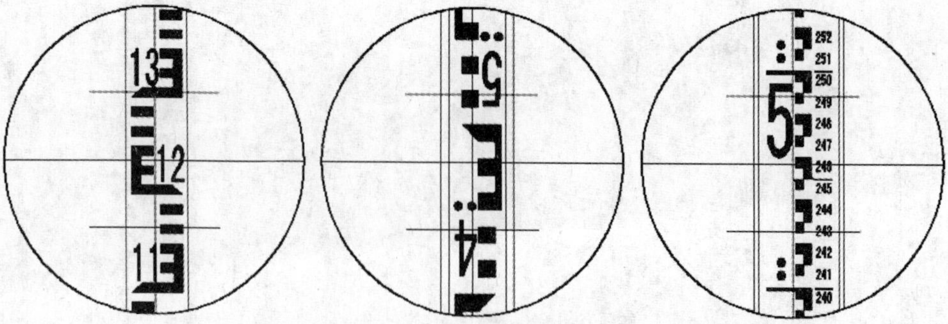

13　12　11　5　4　5　252　251　250　249　248　247　246　245　244　243　242　241　240

__________　__________　__________

4. 观测两个点的水准尺，读数，记录，计算高差和高程（请自行假定后视点高程）　（单位：m）

测站	测点	后视读数	前视读数	高差	高程	备注

附表2　水准测量记录计算手簿

日期：＿＿＿＿＿班别：＿＿＿＿＿组别：＿＿＿＿＿姓名：＿＿＿＿＿学号：＿＿＿＿

测站	点号	后视读数 /m	前视读数 /m	高差 /m	改正数 /m	改正后高差 /m	高程 /m	备注
计算检核								
成果检核	高差闭合差：$f_h = \sum h =$ 　　m 闭合差允许值：$f_{h允} = \pm 12\sqrt{n} = \pm$ 　　mm　成果：							

附表 3　水准仪的检验与校正

日期：__________班别：__________组别：__________姓名：__________学号：________

检验项目	检验与校正经过	
	略图	观测数据及说明
圆水准器轴 平行于竖轴		
横丝 垂直于竖轴		
水准管轴 平行于视准轴		$a_1 =$　　　　$b_1 =$ $h_1 = a_1 - b_1 =$
		$b_2 =$ $a_2 = b_2 + h_1 =$
		$a_2' =$ $i = \frac{a_2 - a_2'}{D_{AB}} \cdot \rho'' =$

附表 4　经纬仪使用与读数练习

日期：____________班别：____________组别：____________姓名：____________学号：________

1. 请标出图中引线所指的经纬仪部件名称

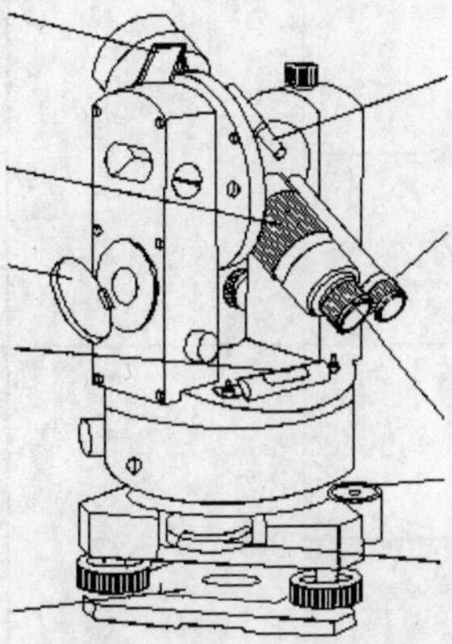

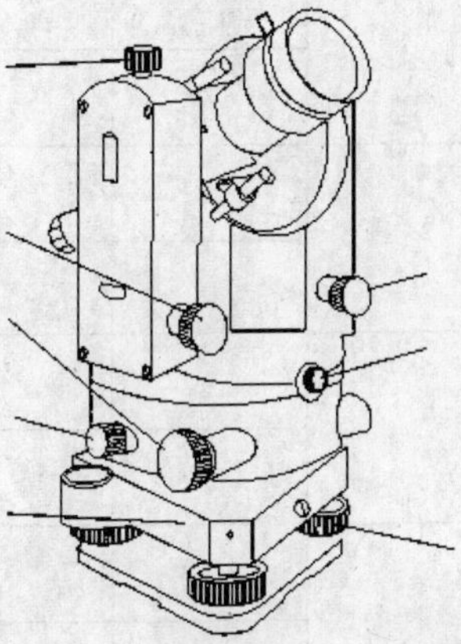

2. 请标出图中所示经纬仪度盘读数

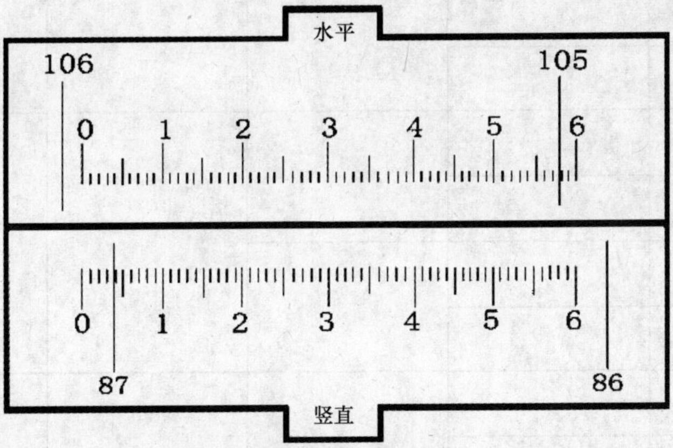

水平度盘读数：

____

竖直度盘读数：

____

3. 观测两个方向构成的水平角，读数，记录，计算

测站	竖盘位置	目标	水平度盘读数 /(° ′ ″)	半测回角值 /(° ′ ″)	一测回角值 /(° ′ ″)	备注

附表5　水平角观测手簿

日期：________班别：________组别：________姓名：________学号：______

测站	竖盘位置	目标	水平度盘读数 /(°　′　″)	半测回角值 /(°　′　″)	一测回角值 /(°　′　″)	备注

附表6　垂直角观测手簿

日期：__________班别：__________组别：__________姓名：__________学号：________

测站	目标	竖盘位置	竖盘读数/(°　′　″)	半测回垂直角/(°　′　″)	指标差/(″)	一测回垂直角/(°　′　″)	备注

附表 7　经纬仪的检验与校正记录

日期：＿＿＿＿＿＿班别：＿＿＿＿＿＿组别：＿＿＿＿＿＿姓名：＿＿＿＿＿＿学号：＿＿＿＿

检验项目	检验和校正经过	
	略图	观测数据及说明
水准管轴垂直于竖轴		
竖丝垂直于横轴		
视准轴垂直于横轴		
横轴垂直于竖轴		

附表8　距离测量记录表

日期：＿＿＿＿＿＿班别：＿＿＿＿＿＿组别：＿＿＿＿＿＿姓名：＿＿＿＿＿＿学号：＿＿＿＿

测边编号	往返测	第1段/m	第2段/m	第3段/m	第4段/m	测边总长/m	往一返/m	相对精度(1/＊＊＊＊)	平均长度/m
	往测								
	返测								
	往测								
	返测								
	往测								
	返测								
	往测								
	返测								
	往测								
	返测								
	往测								
	返测								
	往测								
	返测								
	往测								
	返测								
	往测								
	返测								
	往测								
	返测								
	往测								
	返测								
	往测								
	返测								

附表 9　视距测量记录表

日期：__________班别：__________组别：__________姓名：__________学号：________

测站高程：__________仪器高：__________

测点编号	中丝 /m	上线 /m	下丝 /m	视距 /m	竖盘读数 /(°　′)	垂直角 /(°　′)	水平距离 /m	高差 /m	高程 /m

附表 10　全站仪坐标测量记录表

日期：__________班别：__________组别：__________姓名：__________学号：________

测站点：*X* 坐标__________*Y* 坐标__________高程__________仪器高__________

定向点：*X* 坐标__________*Y* 坐标__________

点号	镜高	N 坐标　*X*/m	E 坐标　*Y*/m	Z 高程　*H*/m	备注

附表 11　经纬仪测图记录手簿

日期：__________班别：__________组别：__________姓名：__________学号：__________

测站点：__________后视点：__________测站高程：__________仪器高：__________

测点编号	中丝/m	上线/m	下丝/m	视距/m	竖盘读数/(°′)	垂直角/(°′)	水平角/(°′)	水平距离/m	高程/m

附表 12　测设已知角和已知距离检核记录表

日期：________班别：________组别：________姓名：________学号：________

	设计值	实测值	实测值 - 设计值	技术要求
CD				≤ ±5mm
∠*C*				≤60″
∠*D*				≤60″

附表 13　测设已知高程计算与检核记录表

日期：________班别：________组别：________姓名：________学号：________

已知水准点高程 H_0：________后视读数 a：________仪器视线高 $H_0 + a$：________

点名	设计高程 H /m	前视读数 $(H_0 + a) - H$ /m	检核	
			高程误差	高差误差
1				
2				
3				
4				

附表 14　极坐标法测设建筑物的计算与检核表

日期：＿＿＿＿＿班别：＿＿＿＿＿组别：＿＿＿＿＿姓名：＿＿＿＿＿学号：＿＿＿＿

1. 测设示意图

2. 测设数据计算

项目	点名	坐标		相对测站点的坐标增量		相对测站点的方位角、距离		备注
		X /m	Y /m	Δx /m	Δy /m	方位角 α /(° ′ ″)	水平距离 D /m	
导线控制点	M							测站点
	N							定向点
待测设点	A							
	B							
	C							
	D							

3. 测设后检核

四大角与设计值（90°）的偏差为：

$\Delta\angle A =$　　$\Delta\angle B =$　　$\Delta\angle C =$　　$\Delta\angle D =$

要求角度偏差≤60″

四条主轴线边与设计值的偏差为：

$\Delta D_{AB} =$　　$\Delta D_{CD} =$　　$\Delta D_{AD} =$　　$\Delta D_{BC} =$

要求边长偏差≤ ±5mm

附表 15　圆曲线测设数据计算表

日期：＿＿＿＿＿班别：＿＿＿＿＿组别：＿＿＿＿＿姓名：＿＿＿＿＿学号：＿＿＿＿

1. 圆曲线示意图

2. 圆曲线已知数据：

线路半径 R = ＿＿＿＿＿偏角 α = ＿＿＿＿＿交点 2 桩号：＿＿＿＿＿

交点 1 坐标：X = ＿＿＿＿＿Y = ＿＿＿＿＿交点 2 坐标：X = ＿＿＿＿＿Y = ＿＿＿＿＿

3. 圆曲线要素主点桩号：

切线长 T = ＿＿＿＿＿曲线长 L = ＿＿＿＿＿外矢距 E = ＿＿＿＿＿

主点桩号 ZY：＿＿＿＿＿QZ：＿＿＿＿＿YZ：＿＿＿＿＿

4. 曲线主点和细部坐标：

ZY 点坐标：X = ＿＿＿＿＿Y = ＿＿＿＿＿

圆心点坐标：X = ＿＿＿＿＿Y = ＿＿＿＿＿

圆心至 ZY 点方位角：＿＿＿＿＿

曲线点	桩号	弧长	圆心角	方位角	X/m	Y/m	备注

注：如用计算机或可编程计算器计算，表中“曲线主点和细部坐标”可直接填写各点的桩号和坐标值。

参考文献

[1] 李向民，王伟，蒋霖，等. 建筑工程测量［M］. 北京：机械工业出版社，2010.

[2] 周建郑，来丽芳，李向民，等. 建筑工程测量［M］. 北京：中国建筑工业出版社，2004.

[3] 马真安，等. 工程测量实训指导［M］. 北京：人民交通出版社，2005.

[4] 建设部职业技能岗位鉴定指导委员会. 测量放线工［M］. 北京：中国建筑工业出版社，2004.